消費者の嗜好が変わりやすいEC市場で
顧客を勝ち取る

ブランド
スイッチ
の法則

著者 **田中宏樹** Eコマース戦略コンサルタント

監修 **株式会社いつも**

JN100966

■本書のサポートサイト

本書の補足情報、訂正情報などを掲載します。適宜ご参照ください。

https://book.mynavi.jp/supportsite/detail/9784839983918.html

はじめに

「どうしたら、もっと私たちのブランドは売れますか？」
「どうしたら、もっとリピート率が上がりますか？」
「どうしたら、もっと……」

　今日も、現場ではクライアントからあらゆる相談が舞い込んで来ます。
　彼らは市場の変化に適応し、競争力を維持するために、日々情報を求めています。その目には、この業界における変化やトレンドへの敏感さと、未来への不安が漂っているようにも見えます。さらに深層を読み解いていくと、彼らの質問はよりシンプルになります。

『売れている商品』は、なぜ売れているのか？

　私は、この問いに対する答えを長年追い求めてきました。この本を手にとったあなたも、きっとそう感じている一人だと思います。

　巷では、商品を売るためのテクニック本やネット記事、SNSで情報が飛び交い、私たちの日常生活でもありとあらゆるブランドが広告費をかけてプロモーションを行い、次々と新商品が発売されています。

　1997年に楽天市場が誕生した年をEC元年とすれば、ECが誕生してすでに25年以上の時間が経過している中で、各ブランドは手を変え品を変え、消費者へ様々なアプローチを行っているにも関わらず、残酷なことに、それらは『売れている商品』と『売れていない商品』に必ず分かれます。では『売れている商品』はなぜ売れているのでしょうか？

　知名度があり、広告費を大量にかけているからでしょうか？　一番成分が良く、最もコスパが良いから？　それとも、競合ブランドよりも、同じスペックで安く売れるからでしょうか？

「『売れている商品』が、なぜ売れているのか？」という問いに対して、そんなに簡単な理由では説明できません。もし簡単に説明できるのであれば、『売れている商品』がやっていることをすべて実施すれば、どのような商品も売れる状況が作れるということになります。

ただし、マーケティングはそんな「お手軽」なものではなく、同じようなことをしても、必ず『売れている商品』と『売れていない商品』に分かれます。このような事態に陥るということは、いかにマーケティングが"再現性の低いものであるか"を意味しています。

「ブランドをスイッチさせるための法則とは何か？」この問いに向き合うことになった私の経歴について、少しばかり紹介させていただきます。

本書を執筆する原点は、私が2010年にとあるメーカーのECサイトの責任者として運営を担当していたころに遡ります。2010年といえばEC化率が2.84％と2022年の3分の1以下。ECに特化した書籍やネット上の情報も限られていたことに加え、各ブランドのECサイトも今よりも簡素なデザインで、参考になるような商品ページやLP（ランディングページ）はありませんでした。

したがって、商品選定から集客、デザイン、ユーザー対応まですべてを独学で習得するしかなかったのです。どうすれば売上が上がるのか、悩む日々を送っていました。

Googleアナリティクスなどの分析ツールはありましたが、膨大な数値の羅列にどう向き合えばよいのか最適解を見出せず、今思えば当てずっぽうな施策を実施して、その結果全く売上に繋がらない日々。また、当時はSEOやメルマガが主な集客方法だったため、何から手をつければ良いのかを考えるだけで1日が終わるということも日常茶飯事でした。

それでもがむしゃらに試行錯誤を重ねた結果、ECサイトの売上を月商100万円程度から最高500万円まで成長させることができました。私はこの経験からECに大きな可能性を見出しました。そしてこのEC業界でプロ

フェッショナルになろうという堅い決意のもと、2013年にECコンサルティング領域のトップ企業であった株式会社いつもに参画しました。

　クライアントごとに最適な売上拡大の方法を構築し、事業の成長だけでなく、クライアント企業満足度を上げることも信条としました。そのような想いで年商1,000万円から200億円を超える、累計200以上のナショナルブランドのコンサルティングをこれまで手掛けてきたのですが、その過程で、業務を通じてヒトの心理や行動パターンに共通項があることに気付いたのです。

　そこで、すべてのアクセス分析を「ヒトの購買行動」として言語化し、『売れている商品』と『売れていない商品』の違いを徹底的に分析・ルール化してきました。そして、ある答えにたどり着きました。それは『売れている商品』と『売れていない商品』の違い、それは「ブランドスイッチを誘発する力が大きいか小さいか」であるということです。

　売れているブランドは、このブランドスイッチが起きる仕組み・仕掛けができているがゆえに、必然的に売れている状況が作れていると言っても過言ではありません。そして多くのブランドは、他社ブランドからのブランドスイッチをいかに起こすかに躍起になっているのが今日のマーケティングの現状です。しかしながら、今後日本は人口の減少ともに、よりこのブランドスイッチ戦争という顧客の獲得合戦が激化していくことは必然といえます。

　あなたが、自分のブランドをより多くのお客様に売りたいのであれば、どうしたら他社ブランドからスイッチさせることができるのか、また、どうすれば他社へのブランドスイッチを防げるのかを知る必要があります。

　「ブランドスイッチ」という言葉に馴染みがない方もいると思いますが、マーケティング業界では、よく使われている言葉です。マーケティングに関する本は、毎日のように誕生している一方で、「ブランドスイッチ」に特化した書籍は現時点で私が知る限りでは見当たらず、クライアントからの『どの本が一番参考になるのか？』という質問の回答には毎度、非常に頭を悩ませていました。

これだけは断言できますが、この世の中にあるマーケティング関係の本で、たった1冊を読めば "売れるブランドになるための方法" を学べる本は、存在しません。私自身も、マーケティング・心理学・行動経済学・コピーライティング・デザイン関連の本を100冊以上読んできましたが、これらの内容が1冊にまとまった書籍に出会ったことはありません。

　網羅されていそうな書籍はどれも "マーケティングの全貌を網羅することを目的としていること" が大半であったと思います。そこで "売れるブランドになるための方法" を、ブランディングと消費者心理の観点でルール化することに、私自身非常に時間と労力を費やしました。そしてよく問われる『どの本が一番参考になるのか？』への答えとして、自分自身で書籍を書くことが、最もクライアントや他のマーケッターのためになる回答になるのではないかという想いから、本書を執筆する運びとなりました。

　本書では、私が実際にマーケティングの現場で蓄積した実例データをもとに『ブランドスイッチの法則』を解説し、売れるブランドになるための消費者理解とブランドが今後何をすれば良いのかを解説していきます。

　また、本書の特徴として、時代の流れとともに陳腐化する情報やテクニックをできるだけ排除し、今後5年・10年と活用できる内容で構成していることも、ここで強調しておきます。『売れているブランド』と『売れていないブランド』は何が違うのか？　この問いに対する答えが、現時点ではぼんやりとした解像度であったしても、本書を読み終える頃には、格段と解像度が上がっていることでしょう。この解像度が上がれば、あなたのブランドも今以上に大きく繁栄する可能性が広がります。

　本書は、ECコンサルティング企業である 株式会社いつもの中で関わってきた私のコンサルティング実戦経験に基づいて書かれていますが、数えきれない書籍や文献に目を通して得た論理的知見も加味しています。この書籍が皆さんの業務の一助となることを心から願っています。

CONTENTS

第5章 誰も教えてくれないリピートされない理由

第6章 ブランドスイッチを防ぐ方法はこれしかない

第7章 成功するブランドの考え方

第8章 成功するブランドになるために 必要なチーム力

第 **1** 章

ブランドスイッチとは？

1 ブランドスイッチとは

ブランドスイッチとは何か？

　一人でも多くの消費者に自社ブランドを購入していただき、実際に使ってもらい再購入してもらう方法を考えることが、ブランド担当者として最大かつ最も難しいテーマです。しかしながらブランド担当者の思惑とは裏腹に、消費者は昨日まで愛用していたブランドを簡単に他ブランドに切り替えることが頻繁に発生します。例えばご自身で次のような行動を起こしたことはないでしょうか？

■買い物でよくある出来事
- 毎日使っているAブランドのシャンプーを使い切ってしまったので、近くのドラッグストアに買いに行ったが、特価に惹かれてBブランドのシャンプーを購入した
- いつも買っていたマヨネーズではなく、たまには別ブランドのマヨネーズを購入しようと思い買ってみた
- 愛用していた柔軟剤を使い切ったので、近くのスーパーに買いに出かけたら別のブランドの柔軟剤に興味が湧いて購入した
- 化粧水はお気に入りものがあるが、SNSで見かけた違うブランドの化粧水を購入してみた
- 特にこだわりがなくいつも安いボディーソープを買っていたが、良い香りと評判のブランドのボディソープを試しに購入した
- 好きなハンバーガーショップがあるが、近所に店舗がないため、美味しそうに見えた違うショップのハンバーガーを購入した

　いくら好んで使っていても、時に違うブランドを試してみたくなるのが、人間の当たり前の購買行動といえるでしょう。それほどこのような購買行動は日常茶飯事であり、いたるところで発生しています。

まさにこのような消費行動がブランドスイッチです。本書ではブランドスイッチの定義を次の通りとします。

■ ブランドスイッチの定義
- 特定カテゴリーの中で、消費者が今まで購入していた特定ブランドから、別のブランドへ購入を移行する購買行動のことを指す。
- ECで普段買っていたが実店舗で違うブランドを買ってみたというように、異なる販売チャネル間でもブランドスイッチは発生する。
- 消費者がブランドをスイッチする購買行動を起こすには、具体的なきっかけが存在する。
- 消費者に意図的にブランドスイッチさせることは容易ではないが、適切なマーケティングの設計と実行を通じて、選ばれやすい状況を作ることはできる。
- 消費者にブランドスイッチを起こさせる取り組みと同時に、競合にスイッチさせない取り組みも重要となる。

ブランドスイッチが発生する土壌

インターネットが一般のものではなかった1990年代以前と比較し、現代はブランドスイッチが発生しやすいと考えられます。その主な要因のひとつに「情報チャネル」の充実が挙げられます。

チャネルといえば、商品を購入する場合は実店舗かECかといったように「販売チャネル」を想起することが多いといえます。しかしそれ以外にも消費者が商品やブランドに関する情報を得るための「情報チャネル」というものが存在しています。

情報チャネルはデジタルか非デジタルかに大別できます。前者はSNS、ブログ、ネット広告、比較サイトといったインターネットベースでの情報チャネルを指します。また後者はテレビ、雑誌、新聞、知人のクチコミといったアナログな情報チャネルを指します。

次の表は消費者が商品購入を検討する際の情報源に関するアンケート結果です。これを見ると、情報源、すなわち情報チャネルの種類が多彩であることがよくわかります。また年代別で見てみると全年代で傾向は同じではなく年代ごとに異なっていることもよく理解できます。

　例えば10代から30代にかけてはデジタル系の情報チャネルを活用していることが数字に現れています。一方共通点もあります。一例を挙げると10代を除いたすべての年代で「店頭・店員」が60%以上となっており、デジタル社会といえども実店舗に対する信頼感が根強いことがうかがえます。

消費者による商品購入検討時・サービス利用検討時の情報源（複数回答）

単位：%	非デジタル				デジタル							
	店舗・店員	TVラジオの番組・広告	新聞・雑誌等の記事・広告	リアルの友人・知人	ネット広告	ネットの記事やブログ	SNS広告	SNSでのクチコミ・評価	ネット上の知人（SNSのフォロワー等）	公式サイト	ECサイト	価格比較サイト
全体	63.2	62.7	50.2	44.4	40.6	41.0	17.7	31.1	7.9	42.2	43.7	31.3
10代	45.4	52.1	18.3	65.4	60.0	55.8	50.8	67.1	12.5	54.6	47.1	24.2
20代	60.3	50.8	19.0	61.9	57.9	54.0	51.5	72.2	22.4	61.1	54.6	37.0
30代	66.1	55.5	29.7	58.4	56.6	68.5	34.4	60.6	19.7	65.1	56.2	45.1
40代	67.2	58.0	37.7	49.2	52.9	60.2	19.0	39.4	8.1	57.2	50.1	43.3
50代	66.4	66.8	54.2	44.9	48.6	48.5	14.0	29.8	5.6	54.1	48.1	40.4
60代	66.1	69.8	64.3	37.4	35.0	28.5	5.4	13.1	2.5	32.6	37.9	24.9

出所：「令和3年度消費者意識基本調査」（消費者庁）　n=5,493

　表中のデータを細かく見てみると、全データの中で20代の「SNSでのクチコミ評価」が72.2%と最も高いことに気付きます。若い世代は企業目線での主観的な発信情報に惑わされたくない心理が作用しているといえます。

いずれにせよ、情報を取得する手段が充実していますので、消費者はあれこれと情報探索をしていることが容易に想像がつきます。このような状況はまさにブランドスイッチを発生させる土壌であると考えられます。

消費者にブランドをスイッチさせることは容易ではない

　下記は、同じ会社が扱う異なるふたつのシャンプーブランドの販売に関する事例です。

　Aブランド：20年前に販売開始し、多くのお客様に支持されつづけ、
　　　　　　　 常に新規獲得件数が昨年を超えているシャンプーで、
　　　　　　　 価格は4,000円

　Bブランド：3年前に発売された、より若年層をターゲットにした、
　　　　　　　 低価格帯のシャンプーで、価格は2,000円

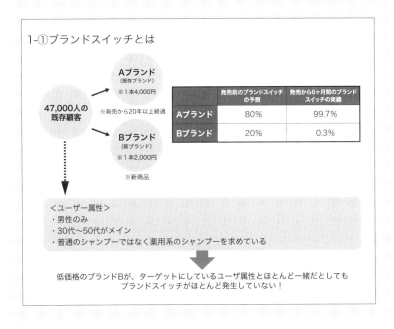

　このブランドは同一のECサイトで販売されていました。当初ブランド担当者は、安い価格帯のBブランドに既存顧客が流れてしまうのではないか

という懸念を抱いていました。Bブランドは発売当初テレビCMを行い、認知拡大を強めていたこともあり、ブランド担当者は既存顧客の15％〜20％程度が低価格のBブランドへのスイッチが発生する可能性もあると考えていました。いわば自社ブランド間の共食いの心配です。

しかし、実際にブランドをスイッチしたユーザーは既存顧客47,000人中約140人程度とわずか0.3％にとどまりました。 その後、Aブランド・Bブランドともに、毎年前年の顧客数を上回ることができているため、Bブランドの立ち上げにより獲得した新規顧客数が既存顧客の減少と相殺されることがない状況が続いています。

ブランドとしては、嬉しい事例です。ただし、マーケターの立場からは、非常に興味深い事例ともいえます。なぜなら、ターゲットが類似する異なるブランドが同一サイトに存在しているにも関わらず、ブランドスイッチがほとんど行なわれなかったためです。すなわち、この事例は、類似するターゲットが多く存在する場所に広告を投下しても、消費者にブランドをスイッチさせることがどれほど難しいことなのかを、教えてくれる事例でもあるのです。

"たまたま、広告を見たから、購入する"、"たまたま、ECサイトで商品を見つけたから購入する"このよくありそうな購買行動が、実際は発生しない場合があるということが裏付けされたともいえます。

消費者理解の解像度を上げることの意義

読者の方々にも、次のような実体験があるのではないでしょうか？

① 今まで150円の歯ブラシを使っていたが、今回は400円の歯ブラシを奮発して買ってしまった
② あまり贅沢することはないけど、年に一度は、高級レストランにいく
③ 今日は奮発して、霜降りのステーキ用牛肉をスーパーで購入した

①の例では、150円の歯ブラシを購入するユーザーは"歯磨きをすることを目的"としている一方で、400円の歯ブラシを購入するユーザーは、"歯磨きという行為をより満足させたい"や、"虫歯や歯肉炎を予防したい"などのニーズがあるターゲットとして分類ができます。

　②の高級レストランの例では、ターゲット顧客を"年収800万円以上の高所得者"などのように設定できますが、そこに当てはまらない方も、時に高級料理を味わいたいと思うわけです。

　つまり供給する側が特定のターゲットをイメージしていても、期せずしてそのゾーンに属さない消費者によって選択される場合が往々に発生します。また、そのような事象が発生するタイミングは、不確実性の極みであり、だれも正確に予想することができません。

　こう言うとマーケティングの設計に時間をかけることはあまり意味がないのでは？　と思われるかもしれません。しかし、マーケティング設計をしっかりと行うことは、消費者の姿が明確になるという非常に面白い側面があります。例えばマーケットリサーチや消費者の声にきちんと耳を傾けることで、特定のブランドが選ばれている理由や、反対に売れていない理由などが、明確に理解できる場合も多いのです。消費者理解の解像度を上げることができれば、狙い通りに消費者に自社ブランドを選択してもらうことができ、より多くのブランドスイッチを誘発することができるといえます。

　本書は、消費者側がどのようなブランドを選ぶ傾向があるのか、どのようなタイミングでブランドスイッチが発生するのかを、消費者の視点で解説しています。消費者の心を掴んだブランドが、必ず多くの消費者から支持されるブランドになります。ぜひ、消費者の購買心理などの消費者理解を深めながら、消費者が自社ブランドにスイッチする戦略を構築していただければと思います。

2 | ブランドスイッチはなぜ起こるのか？

特定のブランドを好んでいても、人の心は移り変わりが激しく、何らかのきっかけで競合ブランドに乗り換えることが多くあります。顧客ロイヤリティ［企業やブランドに対する顧客の愛着のこと］は決して盤石ではありません。これは当たり前の購買行動なのですが、そのせいで各ブランドの担当者や世界中のマーケッターは、なぜこれほどリピート率が低いのか、なぜ新規獲得が伸びないのか、頭を悩ませています。

なぜ、リピート率が低いのか、なぜ新規獲得が伸びないのかを理解するには、消費者がどのようなタイミングでブランドスイッチするのかを、しっかりと把握することが最も重要です。この"ブランドをスイッチするタイミング"を正しく理解することで、現状のマーケティングに不足しているものがなにか、きっと見つかるはずです。

ブランドスイッチのきっかけ

ではブランドスイッチが発生するきっかけについて説明します。

●ブランドスイッチのきっかけ①：商品・サービスへの不満

商品やサービスにある程度満足していたとしても、期待値よりも実際の満足度が下回れば、ある程度の不満が残ってしまいます。数式で表すならこのような関係になります。

$$顧客満足 = 知覚価値 - 事前期待値$$

ここで言う知覚価値は、いわゆる、実際に使ったときの感想や満足度という意味です。そして、この数式に当てはめた場合に、左辺の「顧客満足」がプラスであれば、お客様は満足しているということになります。反対にマ

イナスとなった場合満足していないため、不満な状態であるといえます。不満な状態になると、人間の思考回路は単純なもので、なぜ不満に感じているのかの理由を探そうとします。

　例えば、「この商品、良いけどちょっと高いな」や、「あんまり他の化粧水と変わらないかも」などのように、自分が不満になっている状態を、言語化しようとする心理が働いてしまうのです。この状態になると、いくらショップからのメルマガなどの案内を行ったり、接客に力を注いだとしても、顧客に再購入してもらえる可能性はぐっと落ちてしまいます。

●ブランドスイッチのきっかけ②：競合のプロモーション

　日本のみならず世界中にはありとあらゆるブランドが存在し、その中から消費者は特定のブランドを選んでいます。そして、いくら満足している特定ブランドがあったとしても、競合ブランドが大安売りしたり、テレビで紹介されていたりすると、それがきっかけで、新しいブランドを購入してしまうことが、日々繰り返されています。

　一方でブランド側はより多くの消費者に使ってもらいたいという思いから、様々な施策を通じ新規獲得をねらっています。よくある例として「初回90％OFF」などの金銭面での魅力的なオファーや、たまたま来店したドラッグストアで大特価になっている商品を見かけ「今お得じゃない！」と思ってしまい、思わずブランドをスイッチしてしまった方も多いかと思います。

　このように、いくら満足している特定ブランドがあったとしても、競合のプロモーションによって、いとも簡単にブランドスイッチされてしまうのが現状です。また日本は小売の店舗数が多く、都心部であればあるほど、消費を誘惑するような交通広告などの広告に触れる回数が多いことも、ブランドスイッチがより加速する理由といえると考えられます。

●ブランドスイッチのきっかけ③：信頼できる人物からのおすすめ

　信頼できる人物からのおすすめはブランドスイッチを加速させる要因の一つです。ここでいう "信頼できる人物" にはまず知人が挙げられます。知人からの口コミがキーになる例として化粧品があります。スキンケアやコ

スメには小さい頃から興味があり、友人とも会話が弾む話題、という女性は多いでしょう。肌の性質の違いや色合いの好みなどもあり、それぞれが自分に合った化粧品を選択しますが、それでも知人の口コミは化粧品選定において重要な役割を担っているのではないでしょうか。

　一方男性はどうでしょうか？　近年では男性スキンケアの市場規模が毎年拡大しつつあり、男性スキンケアブランドで大きく売上を伸ばしたいというメーカー・ブランドが多くなっています。それでも、多くのブランドが、売上が伸びずに頭を悩ませています。その大きな理由には「知人からの口コミが発生していない」点が考えられます。実際にはスキンケアに興味を持つ男性は増えているので、女性同士での化粧品に関する口コミの効力を考えれば、男性同士でも同様に口コミを発生させることが売上拡大のカギになるでしょう。

　信頼できるもう一つの人物はインフルエンサーです。SNSを通じてお気に入りのインフルエンサーがいる消費者は多いと思います。信頼するインフルエンサーからのおすすめ情報は、すんなりと受け入れることができるでしょう。使ったことがないブランドだとしても、購入のハードルが一気に下がります。ここで気になるのがステルス性です。近年インフルエンサー施策を採用しているブランドが多くなっていますが、その信頼性を見極める消費者側のリテラシーも同時に上がっています。さらにインフルエンサー側も“消費者からの信頼”が最も重要と意識しているため、本当に良いものをストレートに伝えたいとの想いでインフルエンサーの真剣味が増してきています。

　なお、実際に商品を試して格付けするような雑誌やメディアも近年では消費者に人気があります。ステルス色がなくニュートラルな媒体であればあるほど、信頼できる情報源であると消費者から支持される傾向があるため、そのような媒体の情報は消費者の購入のハードルを低くします。知人やインフルエンサーではありませんが、そのような媒体は多く存在し、消費者のブランドスイッチに寄与しています。

●ブランドスイッチのきっかけ④：商品を使い切ったとき

　日々使用するシャンプーや洗剤などの消費財は、中身を使い切ると新たに購入する必要があります。このタイミングはまさにブランドスイッチが起きやすい瞬間といえます。今はネットですぐに購入して、今日注文したものが明日届くことが当たり前の時代ですが、自宅にストックがない場合は、近くのドラッグストアなどで購入する場合もあるでしょう。

　その際同じブランドを買う場合もあれば、そもそも近くのスーパーやドラッグストアに同じブランドが置いていない場合もあります。仮に置いてあったとしても、違うブランドが安いなどの理由で、ブランドスイッチされてしまう可能性も高まります。このタイミングでスイッチが発生しやすいことを理解しているブランドは多く、対症療法として定期販売を実践しているケースが見られます。

　定期販売は対症療法の一例ですが、商品が無くなる前に、メルマガやLINEなどを通じてブランドから適切なタイミングで案内が届くことで、ブランドスイッチを防ぐこともできるでしょう。いずれにせよ消費者に直接ブランド側から案内ができる仕組みを持つことが、リピート率アップにもつながり、ブランドスイッチを防ぐことにもつながるといえます。

　以上が、ブランドスイッチがされるきっかけですが、ブランドスイッチを防ぐためにブランド側ができることは、①の商品・サービスへの不満を、いかになくすかが非常に重要で、本質的な解決策であると、強調しておきます。

　残りの②③④は、ブランドとしては不可抗力であり、②③④のタイミングがあったとしても、自社ブランドが選ばれる仕組みの構築や、選ばれる可能性を広げておくことを、ブランドは怠ってはいけません。既存顧客に何を伝えたら、ブランドスイッチを防ぐことができるのか、新規顧客の獲得のために、どのようなメッセージで広告を実施すれば自社ブランドへのスイッチを誘発させることができるのかを、ブランドは消費者心理・他社の動向の両軸で考える必要があります。

3 | ブランドスイッチ戦略の重要性

本書の冒頭でブランドスイッチの定義を行っています。その中で「消費者に意図的にブランドスイッチさせることは容易ではないが、適切なマーケティングの設計と実行を通じて、選ばれやすい状況を作ることはできる」と書きました。そこで本書では、ブランドスイッチ戦略を『競合ブランドから自社ブランドにスイッチするまでの流れを設計し、消費者に対して適切なマーケティングを行いより自社ブランドが選ばれやすい世界観を創りだすこと』と定義付けます。

消費者は常に、ブランドスイッチを繰り返しながら、今一番自分にとって最適なブランドがどれなのかを理解し、購買を決定しています。ブランド側が理解しなければいけないことは、たとえどれだけ好きなブランドがあったとしても、異なるブランドを購入してしまう消費者が多いという現実です。これはブランド離脱の可能性についての話ですが、裏を返せばどのブランドであっても、逆にブランドスイッチによって競合ブランドから新規顧客を獲得できる機会が平等にあるともいえます。あなたのブランドが、一人でも多くのお客様を獲得したいのであれば、下記の問いに対して明確に答えを持っている必要があります。そして、下記の問いの答えを拡張し、こうすればターゲットを獲得できるという戦略を設計することが、ブランドスイッチ戦略の考え方の基本です。

■ **ブランドスイッチ戦略を考える上で重要な問い**

Q1：消費者にどのような情報を伝えれば、自社ブランドに対して興味を持ってくれるのか？

Q2：消費者にどのような体験・サービスを提供すれば、自社ブランドを選んでくれるのか？

Q3：消費者がどのような行動をしてくれれば、新しいお客様を連れてきてくれるのか？

現代社会では様々なモノが溢れ、多彩なブランドが存在し、膨大な情報が氾濫しています。自分が知りたい情報に容易にアクセスしやすい状況下、たった一つの情報や、一つの体験が優れているといった理由で、消費者がブランドを選ぶことはまずありえません。

　消費者にどのような情報をどのように伝えれば少しは興味を持ってくれるのか、さらにどのような体験をしてもらい、どのような価値を提供すればよいのか、あるいは購入前にどのような情報を与えればワクワク感を抱いてもらえるのか等など、様々な角度から消費者に自社ブランドを選んでもらうための設計を施すことが重要です。

　ブランドスイッチ戦略を、あなたのブランドが実践できれば、確実に競合ブランドよりも、自分たちのブランドが選ばれる環境、世界観を作り出すことが可能になります。そして、このブランドスイッチ戦略により、一人でも多くの消費者が、あなたのブランドのファンになる可能性を広げ、そこから口コミが広がり、また一人、また一人と、新しい顧客を連鎖的に獲得できるチャンスを作り出すことができます。

　マーケティングは特定市場における顧客の取り合いです。消費者の考えや、競合ブランドのプロモーションをコントロールすることは基本的にはできません。ただし、自社ブランドが、消費者からどう見られているのかは自社ブランドである程度コントロールできます。自分たちのブランドの取り組みで、消費者からの好意度、購入意欲を上げることは確実にできます。それを設計するのがブランドスイッチ戦略であり、消費者目線からすべて戦略を設計することで、これらによって消費者に選ばれるブランドを作り出せるのです。

4 | 「ブランド」が主語のマーケティングは通用しなくなる

　一般的なマーケティング戦略は、「ブランドが消費者（市場）に対して、どうアプローチするのかを設計すること」です。EC市場が伸び盛りの時代は、便利、安いというだけで当たり前のようにモノが売れていました。しかし現在では、少しずつECで売上を伸ばすことが難しく感じているブランドも多くなってきているのが現状でしょう。

　2020年に突然発生した新型コロナウイルス感染症の拡大によって、EC業界は特需が到来しEC市場規模は大きく伸長しました。そのような特需の影響で、EC市場でより売上を拡大しようとしたブランドも多くありましたが、コロナ禍がほぼ収束している現状では、実店舗での購買行動がコロナ禍以前の状態に戻りつつあります。結果的に適切なマーケティングを実施できていないブランドは、こぞって売上を伸ばすことに苦戦しています。

　一方で、そのような状況下でも売上を伸ばしているブランドは多くあります。売上を伸ばしているブランドの共通点は、様々な取り組みを通じてブランドの好意度を上げている点です。当たり前のように聞こえる方もいると思いますが、ブランドの好意度を上げることができれば、自ずと売上は上がります。

　他方売上が苦戦しているブランドは、ブランドの好意度よりも、"売上を上げる"ことにフォーカスしてしまっている傾向が見て取れます。自分たちが売りたいモノを、幅広くターゲットに認知してもらい、どう効率よく購入につながるのかに重点を置いているということです。

マーケティング上の主語は「ブランド」ではなく「消費者」

　売上を伸ばしているブランドと、売上に苦戦しているブランドで、何が

違うのでしょうか。それは、マーケティングという言葉の主語が「ブランド」なのか「消費者」なのか、という違いなのではないかと思います。

　売上を伸ばしているブランドは、消費者が求めているものを貪欲に追求し、消費者が満足するモノ・体験を提供することに努力している傾向にあります。そして、消費者が「こういう情報を求めている」「こういう情報を参考にしている」から、こういうマーケティングを実施しようと熟考し、購入というゴールから逆算したマーケティング設計をしています。

　言い換えれば、売上を伸ばしているブランドは、一人ひとりの消費者の解像度上げて、消費者が実現したいことにフォーカスし、マーケティングを実施している傾向が強いです。あくまでも消費者をマーケティングの中心人物である「主人公」として位置づけ、ブランド側から主人公の消費者に対して、適切なコミュニケーションを図り、適切なマーケティングを実行しています。

　もちろん、どちらが正解であるとか、どちらが良いのか、についてはブランド側が決めることです。そして、ブランドが主語のマーケティング戦略で絶えず売れ続けているブランドがあることも事実です。

　ただし、今後日本の人口は毎年約100万人ずつ減少することが予想されている状況の中で、主人公として「ブランド」または「消費者」のどちらを選ぶべきかは明快です。今後人口が減る一方で、選ぶ対象のブランドの数・商品の数が増え続けるのであれば、消費者に選ばれるブランドに変わっていかないと、売上を伸ばすことも、現状維持をすることもできないはずです。

　あくまでも「消費者」を主人公としてマーケティングプランを策定しないかぎり、顧客の解像度を上げることもできなければ、なぜ買ってくれたのかを理解することもできません。抽象的な言葉でしか消費者のブランド選考の理由を言語化することはできないのです。

　そのようなマーケティングを繰り返し、仮に売上を伸ばすことができたと

しても、消費者の解像度が粗ければ粗いほど、売上が低迷したときに問題を把握することは極めて困難になります。また、調子が良いときに、新たに解決しなければいけない問題を特定し、その問題を解決しなければ、新しいチャンスを掴むことも難しいのです。ビジネスでも人生でも「やっておけばよかった」と気づいたときには、手遅れになっているケースはよくあると思います。ビジネスの展開スピードが早いデジタル領域・EC業界では常に"あるある"だともいえますし、今後さらにそのような後悔が加速してしまう未来が予想されます。

消費者の解像度を上げることが重要

　消費者は常に自分が"主人公"として生きています。世の中に溢れている商品や情報から、最も自分に最適な情報がなにかを常に探しています。そのような消費者に対して、ブランド側が、自身が主語のメッセージを一方的に広告などで見せたとして、それを素直に受け入れてくれる消費者がどれくらいいるでしょうか？

　どれだけ時間があったとしても、すべての広告を自分に関係のあることとして見ている方は非常に少ないと思います。それだけ、必要な広告がなにで、不必要な広告がなにかを消費者は無意識で取捨選択していて、大半の情報が無関心な情報としてシャットアウトされ、記憶から捨てられるのです。伝えたいメッセージをブランド側がいくら試行錯誤しても、ターゲットとなる消費者が「必要な情報」＝「自分ごと化」できなければ、どのようなメッセージだろうと、届くはずがありません。

　だからこそ、広告だけでなく、ターゲットがよくアクセスする場所（雑誌やサイトなど）で、ターゲットにどのような情報を与えたら「自分ごと」として興味を持ってくれるのかを理解しなければいけないのです。そして、消費者を理解する上では、一人ひとりの消費者の解像度を上げていくことが、消費者に選ばれるブランドになる近道ともいえます。

5 | 消費者によるブランド選定基準

　前述の通り、売れているブランドは、消費者の解像度を上げて、あくまでも消費者が"主人公"という設計で、マーケティングを実行しているケースがほとんどです。反対に、売れていないブランドは一人ひとりの消費者の解像度が低く、より効率的かどうかを求めているため、企業・ブランド側が主人公のマーケティングを実施している傾向が強いと説明しました。

　本節では、消費者によるブランドや商品の選定基準を題材に「売れているブランド」と「売れていないブランド」の違いを解説していきます。当たり前だと思う内容が並んでいますが、これが売れているブランドかどうかを消費者側が感じている本音です。どれか一つでも競合に負けているものがあれば、競合ブランドが選ばれる可能性があるということをご理解いただければと思います。

消費者のブランド選定基準

　では、消費者はどのような基準でブランドを選定しているのか、具体的に見てみましょう。

● 消費者のブランド選定基準① 人気がある

　消費者は誰も購入しなければよかったと思うような商品を、購入したいとは思いません。失敗したくないため、売れている商品を基本的には選ぶ傾向が強く、ランキング1位など売れているかどうかがわかりやすい情報を参考に商品を選びます。みなさんも、ネットで商品を購入するときに、初めて買うカテゴリーの商品や家電など複雑な機能が多い商品であればあるほど、ランキングを参考に探したことがあるでしょう。

　近年、SNS・YouTubeなど様々な媒体で、商品やブランドを紹介するインフルエンサーの方が増えてきています。また商品の使用感についてレビューを投稿する人も多くなっています。このような情報源から商品を知り、

SNS上で本当に良いという口コミがあるのかどうかを調べてからネットで購入した経験も、若年層だけでなく年齢を問わず幅広い年齢で増えてきているのが現状です。

　購入を検討する消費者は、一番良い商品を探すときにそれらの情報を参考にすることで、購入の意思決定がスムーズになっています。欲しい情報がスムーズに手に入るため、消費者は時間をかけずに正しい商品を購入したいというニーズが強くなっている傾向があります。よって、売れていない商品よりも売れている商品のほうが信頼でき、知っているブランドではなくてノンブランドであっても、多くの消費者に支持されて売れている商品が選ばれる可能性が高い、という状況が非常によく見られます。

　そして、ランキングや雑誌の受賞歴、販売台数、若い世代ではYouTubeの再生回数、インスタグラムのフォロワー数などで、人気かどうかを判断している消費者も多く、消費者がアクセスする情報源の中で"売れている感"を演出できれば、消費者は売れているブランドであることを理解し、安心して購入を決めることができます。反対に、より売れているブランドを見つけてしまった場合は、そちらを購入する可能性が高まります。消費者は、シビアに今その瞬間に最適な商品がどれなのかを選定しています。様々な人がおすすめしているかどうかはブランド選定の重要な基準になります。

● 消費者のブランド選定基準② 口コミが多い

　ECサイトにおけるレビュー件数の数は、間違いなく購入意思を高める重要な要素の一つです。Amazon、楽天、Yahoo!ショッピングといったECモールでも、独自ドメインの自社サイトであったとしても、レビュー件数によって、CVR［Conversion Rait（コンバージョン率）。購入率とも呼び、一人あたりのお客様が商品を購入してくれる割合］に大きく影響を与えます。

　次のグラフは、非常に知名度が高いブランドの約1700万人の実際のアクセスデータから、レビュー件数とCVRの相関を示したものです。注目ポイントは、店舗の平均CVRが12.7％に対して、レビューなしのCVRはわずか7.7％とCVRが低い点です。また、レビュー件数1-5件のCVRは8.6％、

6-10件では9.9%、11-15件では11.0%であり、41件以上になるまで、レビュー件数の増加とともに、CVRも増加している点も非常に重要なポイントです。

　グラフの通りレビュー件数とCVRの相関は確認できますが、アクセス数とCVRの相関は確認できません。よってアクセス数が多い商品のレビューを集めることができれば、CVRが改善していく可能性が大きく広がるといえます。

　このように、消費者はいくら知名度が高いブランドの商品でも、他者のレビュー・口コミを見て商品の購入を決める傾向が強く、1件より10件、10件より40件と、レビューが多いほうが信頼できる商品であると感じ取れます。また、レビューだけでなく、SNS上のコメントの数や投稿数の数も、多ければ多いほどブランドや商品への信頼度が増すため、より購入されやすい状況をつくることができるため、売れているブランドだと認識してくれる消費者が増えるといえます。

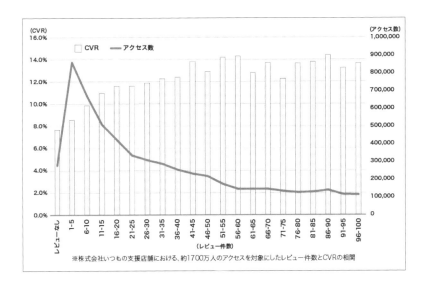

※株式会社いつもの支援店舗における、約1700万人のアクセスを対象にしたレビュー件数とCVRの相関

● 消費者のブランド選定基準③ ランキングの順位が高い

　ランキングの順位も売上に大きく影響を及ぼします。比較サイトのようなランキング情報から探す消費者もいれば、実際にAmazonや楽天などのECモール内で検索して、どれが売れているブランドなのかを確認する消費者も非常に多く、ECモール内での検索結果画面で「ランキング受賞」や「ベストセラー」などのタグを表示させているケースが一般的です。

　各ECモールがこのような取り組みを行っている背景は、消費者に人気がある商品を購入してもらうことで、より消費者のECモールに対する満足度が上がるという見解に基づきます。したがってECモール側は消費者に対する検索結果の見せ方を常に最適化しています。そのため、消費者は、ランキングの順位を確認しつつ、前述のレビュー件数などの情報を参考に、本当に売れているのかどうかを瞬時に確認することができるのです。

● 消費者のブランド選定基準④ 選ばれている理由がわかりやすい

　消費者は、売れている商品・信頼性が高い商品を選びたいと思っていますが、最終の購入判断は、あくまでも自分で"意思決定をしたい"と思っているのが普通です。いわゆる、"合理的に買い物をしたい"という購買心理が根底にあり、ただ"売れている"という事実だけでなく、自分が求める商品であるかどうかを、自分の目で確認して、納得したいと思っています。だからこそ、ECサイトや広告では、ページに掲載されている情報が重要であり、ここで「自分が求める商品だ」という確認ができなければ、商品の購入を完了できずに、離脱する可能性がぐっと高くなります。

　そして、消費者は思っている以上にシビアに買い物をするため、時間をかけずに、自分が求める情報が今閲覧しているページにあるかどうかを判断していきます。このときに、ページ上で、わかりやすく「選ばれている理由」や「人気の理由」が明記されていなければ、消費者は「なんかよくわからないな」というマイナスの印象を抱き、購入に至らない可能性が高くなってしまうのです。購入段階まで来た消費者が求めている情報は、商品を購入しても良いと思える理由であり、納得できる情報をわかりやすく掲載することが、購入を増やす重要な要素といえます。

● 消費者のブランド選定基準⑤ 露出が多い

　①〜④の世界観が醸成できて、露出を高めることができれば、広告が消費者の目に留まりやすい状態になります。心理学で「単純接触効果」というものがあります。これは対象物について接触する回数が多くなるにつれ、より強い興味をもつ人間心理を指しています。同様のことがブランドでも当てはまり、前述の①〜④によって、消費者がポジティブな印象を抱いている場合は「よく見かけるな」という印象から、単純接触効果により「やっぱり売れているんだな」などの、よりポジティブな印象に勝手に消費者側で変換させることも可能になります。

　ただし、①〜④の状態が圧倒的に他社よりも負けている状態で露出を増やせば、マイナス要素の単純接触効果が作用し、消費者は「要らないのに、また広告が出ていて鬱陶しいな」のようにネガティブな印象を抱く可能性が高くなる場合も考えられます。今はSNS上で自分の関心がある情報への最適化表示が進み、不要な情報が徐々に排除されつつあるため、自分が関心のない商品の広告が出たとしても、ネガティブな印象を抱くことも非常に少なくなっているのが現状です。とはいえ消費者が、能動的に特定のブランドを好きになるためには、ごく自然な形で、露出を増やすことが好意度を上げる方法といっても良いと思います。

　以上のように、消費者は、様々な情報から、このブランドを選ぶべきか、このブランドは信頼できるブランドなのかを判断しています。売れているブランドは、特に上記の①〜⑤の内容をしっかりと実行されているケースが多いです。一方、売上拡大に苦戦しているブランドは、①の「人気があるのかどうか」のみをしっかりと対策しているケースが多いです。しかしブランドの好意度を上げることがゴールであれば、①だけでもよいかもしれませんが、消費者側にブランドの好意度を上げてもらい、なおかつ商品を購入してもらうことがゴールであれば、①のみならず、②〜⑤をすべて最適化することが、好意度の最大化、購入の最大化にとって重要といえるでしょう。

6 | ブランドが考えるべきこと

　消費者に選ばれるブランドになるためには、競合との商品の差別化ではなく、競合よりも好意度をあげることが最も重要です。あくまでも消費者は、自分に最適なブランドがどれであるかを様々な情報をもとに選択しています。そして、その選択をする行為の難易度（価格や機能など）で、必要な情報量が変わります。どの情報をどこで与えるべきか、どうすれば購入までスムーズに完了してくれるのか。ブランドが考えるべきことは、常に「消費者が求めていることはなにか？」に対する答えを見つけることです。

　消費者理解の研究をしながら、私のチームが実際に直面した失敗エピソードをご紹介します。おそらくほとんどのブランドは、消費者に競合する他社ブランドと「比較」されることを前提に、商品開発やマーケティングを実施していると思います。この考え方が、マーケティングに携わる人間としては、一つの大きな落とし穴ではないかと考えています。

消費者目線に立つことの難しさ

　ここでは、美容家電の事例を紹介します。ブランドA、Bはともに約70,000円。ブランドCは、約36,000円で展開している商品があります。「毛穴や肌のキメが良くなる」というメッセージは共通していて、商品のスペックには多少の違いがありますが、消費者側からは違いを明確に説明することは難しい商材という特徴があります。

　金額シェア・台数シェアは次の表のようになっています。さらにこの表の内容に基づき、私たちのブランドBは次に示す3つの仮説を立てました。

	単価	金額シェア	台数シェア	売上昨対比
ブランドA	70,000円	30%	20%	110%
ブランドB（自社）	70,000円	25%	15%	120%
ブランドC	36,000円	15%	35%	150%

1. ブランドAよりも、ブランドCの台頭で、売上が伸びづらい状況
2. 台数シェアが最も高いブランドCに、消費者を取られている
3. 比較されてブランドCに流れているのであれば、ブランドCよりもスペックが優れているようにメッセージを変更すべき

　私のチームはこの仮説をもとに効果検証を行いながら、ブランドCと比較されたときにブランドBが選ばれるような施策を中心に、マーケティングを実施しました。しかし、数カ月後、シェアは全く変わらなかったのです。その状況にチーム全員で落胆しました。

　後に、プラットフォーム側から共有されたデータに衝撃が走りました。自社のブランドBを閲覧した消費者で、ブランドCを購入した人はわずか1%であり、70,000円前後の商品を閲覧した消費者が30,000円台の低価格帯に移行する事実はほとんどなかったという報告でした。要約すると、約70,000円の商品を購入する消費者と、30,000円台の低価格の商品を購入する消費者は、購買行動が全く違うということがデータによって判明したわけです。

　自身が消費者の立場で想像すれば、全く異なる価格帯の商品を比較することがいかに少ないかが実感できますが、マーケティングを考えるとどうしても消費者の視点が盲目的になります。そして、ブランド目線でのマーケティングによって理論的に導き出した仮説が"もっともらしい"内容であると、その仮説が正しいと信じてしまうことが、マーケティングではよくある落とし穴なのだと思います。消費者目線でのマーケティングを展開することがいかに難しいかを思い知らされる、教訓となる事例でした。

消費者の実際の声にもとづく仮説検証の重要性

　このような思い込みや間違った仮説をどうすれば防げるのでしょうか？それは、購入者へのアンケートなど消費者の直接の意見を聞くことです。実際に自社ブランドや他社ブランドを購入した消費者へのアンケートを入手できれば、選ばれている／いない理由が明確になります。

　これを徹底的に実施するかどうかが消費者の解像度を上げることにつながり、結果的に、より多くのお客様に支持されるブランドを作り上げることになります。消費者リサーチはEC・実店舗関係なく、工夫次第でいくらでも実施可能です。

　アンケート内容も非常に重要です。企業側が聞きだしたい内容を質問事項にすると誘導尋問になってしまい、逆に間違った消費者理解を促進するケースが多々あります。消費者が、どこで自社ブランドを知り、どこで好意度が上がったのか、どの情報で購入を踏み切ったのか、一人でも多くの実際の声を集めることがブランドとしては非常に重要なデータになります。

　そして、消費者の声を蓄積することで、より精度の高い仮説が生まれていくのです。仮説を立証できるものがなければ、いつまでたっても仮説が正しいのかどうか、だれもわからない状態になります。仮説が正しいのかどうかがわからない状態で、広告費用を拡大することはほぼ博打に近く、売上につながることはありません。さらに仮説が立証できないため、巨額の投資で何も学ぶことができないケースも非常に多いのが現状のマーケティングの状況です。

　ブランドを提供する企業側が消費者の声を直接聴き、一つひとつの購買行動の変容がなぜ起きたのか？　なぜ好意度が上がったのか？　なぜ購入してくれたのか？　このような仮説を立証していくことが、ブランドの活動として重要な取り組みといえるのです。

7 | 第1章まとめ

① ブランドスイッチとは、『特定カテゴリーの中で、消費者が今まで購入していた特定ブランドから、別のブランドへ購入を移行する』購買行動のことを指す。特定のブランドが選ばれている理由や、特定のブランドが売れていない理由などの消費者心理や消費者理解ができれば、ブランドはより思い通りに消費者に選んでもらうことができ、より多くのブランドスイッチを誘発することができる。

② ブランドスイッチが起きるきっかけは、

（1）商品・サービスへの不満
（2）競合のプロモーション
（3）信頼できる人からのおすすめ
（4）商品がなくなったとき

の4つに分類できる。ブランドが自分たちの意志でやれることは、商品・サービスへの不満をいかになくすかが非常に重要で、それ以外はブランドが関与できない不可抗力の要因であるため、ブランドは自社ブランドが選ばれる仕組みの構築や、選ばれる可能性を広げておくことが重要。

③ ブランドスイッチ戦略は、競合ブランドから自社ブランドにブランドスイッチするまでの流れを設計し、消費者に対して適切なマーケティングを行い、より自社ブランドが選ばれやすい世界観を創りだすこと。これを実現するためには、消費者がどうすれば興味を持ってくれるのか、どうすればワクワクしてくれるのかなど、様々な角度で消費者に選んでもらうための設計をすることが重要。消費者の行動をコントロールすることはできないが、自分たちのブランドの取り組みで、消費者からの好意度、購入意欲を上げることは確実にできる。

④ 一般的なマーケティング戦略は、「"ブランド"が、"消費者"に対して、どのようなアプローチをするのかを設計すること」であるが、売上が苦戦しているブランドほど、マーケティング上の主語がブランドになっている場合が多い。一方売上を伸ばしているブランドは、消費者が求めているものを貪欲に追求し、消費者が満足するモノ・体験を提供することに努力しているため、一人ひとりのお客様の解像度が高い。そのため、あくまでも消費者をマーケティングの中心人物である「主人公」として位置づけ、ブランド側から主人公に対して、適切なコミュニケーションを図り、適切なマーケティングを実行している。

⑤ 売れているブランドと売れていないブランドの違いは、5つの要素

（1）人気がある
（2）口コミが多い
（3）ランキングの順位が高い
（4）なぜ選ばれているかがわかりやすい
（5）露出が多い

これらの総合得点の違いであり、どれか一つでも競合に負けているものがあれば、競合ブランドが選ばれる可能性がある。また、消費者は様々な情報から、どのブランドが最も信頼できるのかを判断している。

⑥ ブランドが考えるべきことは、「消費者がどこでブランドを知ったのか?」「なぜ好意度が上がったのか?」「なぜ購入してくれたのか?」という問いについての答えであり、消費者からの直接の声を聞かない限り、ほとんどの場合、ブランドの思い込みでマーケティングが実施されるため、結果が出ない場合が多い。消費者に直接声を聴き、一つ一つの購買行動の態度変容がなぜ起きたのか?　を仮説を立てて、立証していくことが、ブランドの活動として重要な取り組みである。

第2章

ブランドスイッチを意図的に
発生させるために
理解しなければいけないこと

1 | 消費者はより自分の価値観に合う ブランドを探している

　ブランドスイッチ戦略を考える上で、まずは消費者がどのようにブランドを選んでいるのかを理解することが重要です。

　時代の流れとともに、消費者の考え・価値観は変わっていきます。例えば下記に示す消費者意識基本調査のデータによると、「多少高くても品質の良いものを選ぶ」とする消費者は56.2%存在し、半数を超える割合の消費者は、価格の安さを購入の決め手にはしていないことがわかります。

　また「健康につながるものを選ぶ」とする消費者も51.2%に及びます。「使い慣れた商品・ブランドを購入する」との消費者は56.2%で、裏を返せば43.8%もの消費者は新しいブランドを常に模索しているといえます。このように、現代の消費者のブランド選定基準は価格だけでなく多彩であることが見て取れます。

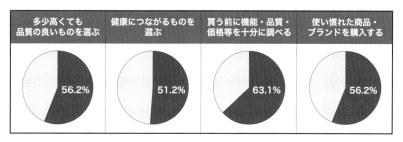

出典：令和4年度 消費者意識基本調査（消費者庁）

　もっとも、いまだ価格はブランド選択時の重要な要素になっていることも事実で、商材のカテゴリーによっては、安いというだけで売れている商品も非常に多く存在します。消費者のブランド選定基準が多様化している今日、消費者はあるカテゴリーでは価格、あるカテゴリーでは自分の価値観を基準にブランドを購入しています。

価格やスペックだけでなく、ブランドの価値観やこの商品がどれだけ環境に配慮したものなのかというブランドの社会的な活動なども、消費者のブランド選考時の判断要素になることは今後もますます強くなっていくことが予想されます。

　google 社から公表された調査では、2022 年 4 月時点で、以下のように明言されています。

　Google の最新の調査では、買い物客の 82％が自分と合う価値観を持つ消費者向けブランドを好み、価値観の合うブランドがない場合は価格で判断していることが明らかになっています。また、買い物客の 3/4 が、価値観の違いからブランドから離れていることが報告されています。

　たとえそれがお気に入りの消費財商品であったとしても、大多数の買い物客は主義を曲げることはありません。価値観の不一致を感じた場合、39％の買い物客がお気に入りのブランドを二度と使用しないと回答し、24％が一時的に購入を控えると回答しています。また、大半の人は懸念を自分の中だけに留めておくことはせず、ブランドとの価値観の不一致を感じたお客様のうち 28％がその懸念を自分の友人や家族に伝え、15％がソーシャルメディアで共有したと回答しています。

出典：Google Cloud ブログ「最新の調査で、消費者によるブランド価値観に対する関心がこれまでで最も高いことが判明」（2022 年 5 月 9 日）
https://cloud.google.com/blog/ja/topics/consumer-packaged-goods/data-shows-shoppers-prioritizing-sustainability-and-values

　このようにブランドの価値観と消費者の価値観が合致することが購入の決め手になることが当たり前のようになる時代になれば、消費者はより自分の価値観に合ったブランドに対して、お金を費やすことで得られる満足感・充足感を求めるようになることも、当然予想されます。

　現在の世の中では、様々なブランドの商品が溢れ、欲しい商品がすぐに手に入る環境がある一方で、なにか新しいものを購入しなくても十分豊かな生活ができる人がほとんどです。そのため、購入自体に "大きな意味"

を見出す消費者の存在感は増しており、ブランドの価値観が購入を左右する可能性は無視できないものになってきています。

　そして、SNSやテクノロジーの発達により、様々な情報にアクセスできるため、ブランド側が消費者に対していかに誠実であり、信頼できるブランドであるかを、自分たちで発信して、自分たちのブランドの活動や想いを伝えていくことが、選ばれるブランドになるための一つの条件にもなっているといえるのです。

2 | 消費者は ブランドをどうやって選んでいるのか？

　前節では、消費者は自分に合ったブランドを選択する傾向が強くなっていること、すなわち「なぜこのブランドを選択する必要があるのか？」などのブランド選定の基準について述べました。ここでは、消費者が「どうやってブランドを選んでいるのか」に焦点を当てて解説していきます。

　ブランドを認知してから、購入完了までを大きく切り分けると、以下の3つのタイミングに分けることができます。

① ブランドを認知したタイミング（認知フェーズ）
② ブランドを認知した後の、確認のタイミング（確認フェーズ）
③ ブランドの確認作業が終わった後の、購入検討のタイミング（最終検討フェーズ）

　そして、フェーズごとに、消費者がどういう情報を求めているのか、どうなれば次のフェーズに移行することができるのかを、具体的に解説しています。

① 認知フェーズ

■ そもそも "認知" とは

　消費者が求めている情報や、次のフェーズに移行する条件について説明する前段として、そもそも "認知" とは何なのかについて触れます。一

言で "認知" といっても、ブランドやマーケッター、広告代理店ごとにその定義は変わります。

　もともと認知という言葉は明確に定義されているものがなく、広告代理店がより多くの広告費を使うために生まれたような曖昧な定義です。マーケティングの世界で使われる "認知" の定義は、"知っている" という定義より、"消費者に情報を見せた" という定義に近いです。いわゆる広告の露出（インプレッションなど）という表現で用いられることが多く、本来の "認識して知っている" という意味ではないにもかかわらず、実際のマーケティングで日常的に使われています。

　ここで伝えたいことは、本来の意味はともかく、ブランド単位で何をもって "認知" とするか、この定義の共通認識を関係者間で持つことが重要だという点です。具体的に表現すると、単純に広告が画面に露出しただけを認知と捉えるのか、1クリックされて認知と捉えるのか、ブランド名を覚えてもらうまでを認知として捉えるのか、ということです。

　しかしながら、より本質的なことはあくまでも消費者にとってブランド認知とは何なのかです。この点について関係者間で共通認識を持っておくことは重要と私は考えます。

■ 消費者目線での "認知" とは？

　ではどうなれば、消費者はブランドあるいは個別の商品の存在を認知したといえるのでしょうか。私が考える認知の定義は次のとおりです。

　　a. 広告やバナー、投稿などが表示され、自分の意志でクリックまたはブランド（または個別の商品）に関する情報にアクセスした場合
　　b. 上記のタイミングで、クリックや検索などの行動はしなかったが、ブランド名、またはブランドが想起される手がかり（デザインや成分など）をなんとなく覚えている場合

逆に、認知したといえないのは、知らないブランドの広告が出てきたが、何も情報として残っていない"無"の状態（a、b以外の状態）だといえます。消費者は日々莫大な情報量の中から、"自分に関係ありそうなもの"を無意識に取捨選択し、関係ありそうと思ったものだけを意識して選択（＝自分ごと化）します。この関係ありそうなものを意識することを、「自分ごと化」と表現しましょう。

いくら大量の広告が表示されたとしても、自分ごと化できなければ、逆に鬱陶しいブランドとして認知されるリスクも発生させてしまいます。「どうすれば最初の接点となる、広告や投稿に興味を持ってくれるのか」を設計することを、ブランドは本気で考えないといけません。本来年代や性別ごとに違うターゲットに対して、コミュニケーションを設計しなければいけない最初の接点が、全員同じコミュニケーションで、認知拡大に有効な施策になるはずがないのです。

■ 重要なのは「テキスト情報」

消費者は画像・テキスト情報をもとに、自分ごと化できそうなブランドであるかを瞬時に判断しています。したがって最初の接触ポイント（タッチポイント）をどう設計するかが非常に重要といえます。ですが消費者による最初のタッチポイントには無数の広告が混在しており、消費者は無意識かつ瞬時に自分にとって必要な情報かどうかを取捨選択しています。その結果、認知してくれていないケースが大半というのが実状です。

では、認知させるために何が重要なのでしょうか？　ズバリ、それはテキスト情報です。広告によっては、たった10何文字しかテキストを入稿できないものもあります。そのような文字数制限もあり、コストをかけて広告を回しているブランドでも、テキスト情報まで力を入れて、クリック率の改善を細かく行っているブランドは私の知る限り、ほとんどないのが実態です。それでも、消費者は限られた情報から、自分ごと化できるブランドなのかどうかを判断しています。

コストをかけて広告を回しているブランドでも、テキスト情報まで力を入

れて、クリック率の改善を細かく行っているブランドは私の知る限り、ほとんどないのが実態です。それでも、消費者は限られた情報から、自分ごと化できるブランドなのかどうかを判断しています。

たった10何文字のテキストで、クリック率が大きく変わるのかと懐疑的な方もいるでしょう。しかしテキスト文だけで何倍も、消費者が興味を持ってクリックする率（CTR：Click Through Rate）が変わった事例は多々あります。画像クリエイティブとテキスト文の両方で表現できる広告でも、画像クリエイティブが一緒で、テキスト文の先頭5文字を変えるだけでも、クリック率が3倍改善した事例もあります。たかがテキスト文ですがされどテキスト文です。

自分ごと化された広告や投稿、バナーには何かしら、自分ごと化できた"きっかけ"が必ずあるものです。みなさんも自分が思わずクリックしてしまった広告を思い出してみてください。安売りなどの訴求ではなく、「なんだか面白そう」「なんだか新しそう」という理由で、クリックしたことが必ずあるはずです。

まずは、自分がなぜ広告をクリックしたのか、なぜ一瞬で自分ごと化してしまったのか、このようなことを整理することも、消費者理解を深めるためには非常に重要な訓練だといえます。絶対に、なにかしらの情報が、自分ごと化のトリガーになっていることを、マーケッターは理解する必要があります。

② 確認フェーズ

ブランドを認知したあとに、消費者は大きく3つの確認を行い、購入を検討していきます。それは、次のとおりです。

（1）信頼できるブランドなのか

（2）みんなはどう思っているのか

（3）本当に選ばれているのか

（1）信頼できるブランドなのか

● 消費者は興味のありなしを瞬時に判断する

　消費者は"認知したブランド"に関し公式サイトやSNSでそのブランドについて検索を行います。認知した直後の最初の行動で得られる情報が少なければ、信頼できるブランドではないと瞬時にマイナスのバイアスがかかってしまうことがほとんどです。ブランドが適切な情報を与えることができなければ、消費者にマイナスの印象を抱かせてしまい、信頼できるブランドではないという判断をされることもネットの世界ではとても頻繁に発生しています。ここはとても重要なポイントと私は考えています。

　例えば、ECサイトの閲覧を開始したものの、トップページや商品ページに、他のユーザーのレビューが載っておらず、売れている感が伝わらない場合、消費者は瞬時に"売れていないブランド"という決断をシビアに下し、自分が思っていたブランドではなかったかもしれないという印象を持ち、サイトの離脱を選択することがほとんどです。また、SNS上での検索でも、ブランド名や商品名で検索しても、投稿している人がそもそも少ないブランドは、信頼できるブランドとして認識されず、逆に"人気がないブランドなのかもしれない"という印象を抱く場合も多いのです。

　このように、消費者は日々の生活の中で、初めて知ったブランドや少しでも興味を持ったブランドであっても、自分が望んでいた内容と違っていれば、瞬時に違和感を覚え、自分が見るべきブランドではなかったと判断してしまいます。残酷なようですが、これが現実です。したがって、興味を持ってくれた消費者に対し、どのような情報を見せることができるかが勝負の分かれ目になります。

この点を明確に意識し、消費者に好印象を抱いてもらい、信頼できるブランドだと判断してもらうようなコミュニケーション設計が大事になるのです。一度でも自分に必要なブランドではないと判断を下した消費者は、再度興味を持つまでに相当な時間と新しいコミュニケーションが必要になってきてしまうため、コミュニケーション設計の良し悪しは、ブランドの印象を左右するものになります。

● 店頭と同じ接客をECでも行う

　広告をクリック後、閲覧しているページから離脱することなく、このブランドが自分にとって最適なブランドなのか？　を判断するために、消費者は閲覧を開始したページ（LP［Landing Page（ランディングページ）］）の情報を読み進めていきます。

　弊社のクライアント実績では、新規ユーザーの直帰率［1ページ目を閲覧して次に進まずサイトから離脱する率］は約60％です。すなわち、2ページ以上を閲覧してくれるユーザーは、わずか40％にすぎません。このわずか40％のユーザーも、平均PV数［Page View（ページビュー）、閲覧数のこと］は4〜6ページと限られています。つまり限られたPVの中で、ブランドの取り組みや想いを

表現していくことが重要です。

　最近では、無料のECサイトのツールや、格安のデザインテンプレートが多く存在していて、ECサイトを始めたり、効率よくECサイトを運用できるようになってきているのは事実です。しかしながらどこにでもあるテンプレートで作られたトップページや商品ページ、ブランドの想いが感じられないサイトでは、消費者が勝手にブランドの想いを理解し、好意度があがるケースは稀です。

　私は店頭と同じ接客をECサイトでも展開してくださいと、各クライアントに伝えています。店頭では一人ひとりにあった接客をし、より多くの情報を与えて、ブランドの良さを伝えていると思います。一方で同じブランドのECサイトを覗くと、店頭の接客とは打って変わって簡素な情報量しかないブランドが大変多いことに気付かされます。店頭の接客も同じですが、言葉数が少なく無愛想な店員の接客で購入されることはほとんどないのは周知の事実なはずです。それにも関わらず、ECサイトでは愛想が悪い接客が多いことに、とても違和感を覚えます。

　あくまでも、自分に必要なブランドかどうかは、主人公である消費者が決めることです。消費者が知りたい情報を、適切なタイミングで、適切な情報量で伝えることが、選ばれるブランドになるためには重要な取り組みです。「ECサイトってこういうものだよね」というブランドの勝手で、都合のよい解釈では、消費者に届けたいメッセージは絶対に届きません。消費者が共感できるものがなにか、好意度が上がる情報はなにか、これを考え、最適化していくことが選ばれるブランドを作り上げるためには、避けては通れない道のりなのです。

(2) みんなはどう思っているのか

● レビューやコメントは最もわかりやすい手がかり

　信頼できるブランドかどうかを瞬時に判断したあとは、消費者はほぼ間違いなく、他人がどう思っているのかを確認していきます。わかりやすい項目でいうと、レビュー件数、SNS上の投稿数やコメント数の多さで、選ば

れているかどうかを瞬間的に判断し、レビューやコメントの内容を確認していきます。仮に、レビュー件数やコメントが少なかったとしても、この確認フェーズでは消費者はブランドに対してポジティブな印象を抱いている場合が多いため、レビューやコメントの内容が良ければ、自分がこのブランドを自分ごと化したことへの肯定感が生まれ、購入検討をしているフェーズにスムーズに移行できます。

● レビュー閲覧率は平均7%程度しかない

「レビューの閲覧数はどれくらいと思いますか？」とクライアントの方々に質問すると、ざっくり平均で20〜50%くらいは見られるのではないか？ という解答がほとんどです。でも実際はジャンルを問わず、平均10%未満です。弊社のクライアント実績でも、サイト訪問者のレビュー閲覧率はわずか約7%しかありません。これは、コスメやインテリアを含む、様々なジャンルの弊社クライアント実績です。

ブランドを提供する企業の大半は、購入を検討している消費者のほとんどがレビューを閲覧していると信じて疑わないでしょう。しかし、実際のレビュー閲覧率の平均が7%しかないというのは驚きの事実かもしれません。レビュー閲覧率は結構高いはず、という思い込みはマーケティングの世界では命取りであり、ほぼすべてのマーケッターが実際のレビュー閲覧率の何倍も多く過大評価しているのが現状といえます。

ではなぜ、購入の決め手となる重要なレビューの閲覧率は、予想以上に低いのでしょうか？ それは、商品ページまで来た閲覧者の全員が、購買意欲があるわけではないということがシンプルな答えです。わかりやすい指標でいえば、現状の店舗のCVRが3%しかないのであれば、2倍程度の6%くらいしか、レビューを見てくれるユーザーはいないということです。

私も最初にレビュー閲覧率を分析したときは、なにかの間違いかと思ったくらい、自分の予想していたレビュー閲覧率よりも何倍も低かったのです。

しかし、このレビュー閲覧数も、自分に置き換えると納得できるのではないでしょうか。消費者がどのようなときにレビューを閲覧するのか？ そ

れは、"購買をするかどうかを、明確に検討しているフェーズに入ったときだけ"であることがほとんどなのです。巷で展開されている消費者アンケートでも、約80％は商品の購入を決めるときにレビューを参考にするという数値がありますが、あくまでもそれは、"購入しようという明確な意志をもった消費者がレビューを見るかどうか"ということです。

　これが思い込みの罠であり、マーケティングの難しい部分でもあるといえます。商品ページまで来てくれれば、ほとんどのユーザーはレビューを見てくれるだろうと過信してしまうのです。でも自分が消費者の立場で商品ページまで行ってレビューまでしっかり閲覧した商品がどれだけあるでしょうか。上述のようなレビュー閲覧率にきっと落ち着くと思います。毎回アクセスしたページでレビューまで見ていたら、とてもではありませんが買い物に時間がかかりすぎてしまいます。

　また消費者がレビューを見る基準に、レビュー数の多さが挙げられます。レビュー数が多ければ、消費者は「売れているブランドなんだ」という印象から購買意欲が上昇し、レビューを閲覧する可能性がぐっとあがります。反対に、レビュー数が少ないと「売れていなさそうなブランドだな」という印象になり、購買意欲が下落し、レビューを閲覧するまでもなくサイトから離脱する可能性があがってしまいます。すなわち購買意欲とレビュー閲覧率には相関があることがほとんどです。

　レビューがなくても買ってもらえると思っているブランドを否定するつもりはないのですが、消費者がどのような情報を手掛かりにしているかを正しく把握し、正しいコミュニケーション設計を構築することは、どのブランドでも実施すべきであり、このあたり前の消費者心理を理解することが、ブランドスイッチさせるために必要な考え方と私は考えています。

(3) 本当に選ばれているのか

● 自分で購入を判断できない消費者も多く存在している
　消費者の確認フェーズの最終関門にあたるものが、本当に選ばれているのかどうか、という確認です。確認フェーズの(1)(2)で購入を決断する

消費者もいるため、全員が（3）本当に選ばれているのかを確認するわけではありません。しかし良さそうなブランドだと思っても、他に売れているブランドがあるのかどうかを確認する消費者は非常に多いです。そのような消費者の具体的な行動は、以下の内容の確認です。

---

a. サイト上に、受賞実績のコンテンツがあるかどうかの確認
b. 受賞実績が直近のものであるかどうかの確認
c. SNSやgoogle検索などで、「カテゴリー名＋おすすめ」などで検索して、該当ブランドが選ばれているかどうかの確認
d. SNSなどやgoogle、YouTubeの検索で、ブランド名で検索し、どのように評価されているのかの確認

上記のような情報を手がかりに、消費者はブランドを評価していきます。消費者ごとに行動やブランドへの印象が異なるため、1項目だけの確認で購入に踏み切れる消費者もいれば、4項目すべてを確認しながら、本当に売れているのかをしっかりと確認する消費者もいるなど、その行動は様々です。

いずれにせよ、上記の確認項目について消費者が望んでいる内容であれば、ブランドを選んでもらえる可能性はぐっと高くなります。さらに、価格帯が高く、検討時間が長いものであればあるほど、このような項目で購入すべきブランドかどうかを慎重に判断していく傾向が強くなるため、価格が高い商品であれば、消費者の確認項目は増える可能性が高いといえます。

③最終検討フェーズ

■ 消費者が購入に踏み切るための納得感が重要

たとえ確認フェーズの（2）（3）まで進んでいても、なにかしらの理由で購入まで気持ちを持っていくことができない消費者は、当然ながら少なくあり

ません。ECサイトのCVRが1%あれば良いといわれる所以でもあるように、消費者に購入をスムーズにさせることがいかに難しいか、ECサイトの実績が物語っています。

　ただし、確認フェーズの（2）（3）まで進んでいる消費者は、限りなくブランドに対して好意度が高いことを忘れてはいけません。この段階に到達している消費者は、他のブランドから広告などで誘惑されながらも、自身の中でそのブランドを格上げしていることに間違いありません。

　それでは、このフェーズの消費者に、どのような情報を与えれば、購入に踏み切ってくれるのでしょうか？　その答えは、今このタイミングで買うべきかどうかを判断する"納得感"にあります。自分の判断だけで購入に踏み切れないため、他の人がなぜ選んでいるのか、他の人が満足しているのかが気になるわけです。また、今買うよりも、もっとお得に購入できるタイミングがあるかどうかも、納得感につながる要素といえます。

　納得感にあたるものは、ブランドの認知度や、消費者の理解度、消費者のECリテラシーなどが関係します。一概に納得感の例を挙げることが難しいのですが、送料無料や購入特典であったり、購入のハードルをさげるための満足保証なども、納得感を醸成する上では非常に有効な手段といえます。また、単に購入特典や満足返金サービスを打ち出すだけでなく、より情に訴えかけながら消費者のメリットになることを伝えていくことができれば、消費者はかなりの確率で購入に対しての納得感を感じてくれます。それだけ、消費者は購入するための"納得感"を探しているともいえるのです。

　また、まごころがこもった接客も購入までの確率を上げる要素の一つであり、競合ブランドからのスイッチを発生させる要因になり得ます。たとえば「今なら購入特典をプレゼント」というのではなく「一人でも多くの方に、ブランドの想いを届けたいという私たちの願いから、ご購入者様全員に、ほんの気持ちとして購入特典をお配りしています」と、丁寧に伝えることで、接客面で購入の納得感を醸成させることもできるのです。

特にECサイトの売上は、「訪問数×CVR×単価」で表わされるように、すべての数値の掛け算で売上が決まります。ちょっとした丁寧な接客、ちょっとした納得感を感じる仕掛け、人気がありそうと思わせる仕掛けなど、一つひとつの設計が売場のCVR・単価に影響を与え、その緻密なコミュニケーション設計の構築で、売上は何倍にも拡大できる可能性があるのです。

3 | 曖昧なターゲット・ペルソナ設定からの脱却

曖昧なことが多い「ターゲット」と「ペルソナ」の設定

　マーケティングやブランディングを考えるときに、切っても切り離せないものが、「ターゲット」の設定です。ターゲットの定義も非常に曖昧で、企業文化・ブランドごとに変わります。よくある、ターゲットの定義は以下のとおりです。

> 「40代女性」「ヘアケアに関心が高い」「年収500万円以上」「首都圏に住んでいる」

　以上のように、年齢や性別、居住エリアといった属性でターゲットを決める場合が一般的です。そして、このターゲットを、より具体的な人物像に落とし込んだものを「ペルソナ」と呼びます。ペルソナの一般的な定義は、以下のようなものです。

> 「氏名：田中太郎、32歳男性。東京都世田谷区在住。営業職で係長をしていて、年収は600万円。妻と子ども2人（5歳と3歳）の4人で一軒家に住んでいる。趣味はゴルフ、動画視聴。」

　私の経験上、上記のようなターゲットの設定、ペルソナの設定をしてしまっている場合は、マーケティングの設計も稚拙な場合が多く、ほとんどの場合で顧客獲得をできず、広告の費用対効果が悪い結果に終わります。なぜターゲットやペルソナを設定してから行ったマーケティングにも関わらず、結果が出ないことが多いのでしょうか？　それは、各手順に次のよう

な問題を抱えているためだと考えられます。

> ① **ターゲット設定**：ターゲットの幅が広すぎて、本当は購入してくれるターゲットに対しメッセージが届いていない（＝ターゲットである消費者が自分ごと化できていない）
> ② **ペルソナ設定**：ターゲットの解像度が低いために、ペルソナに関しても解像度が低く、意味を持たない抽象的なペルソナになっている
> ③ **人物像の分析**：抽象的なペルソナであるために、その人物像が実際にどういうように行動したり、どうやって情報を集めているのかが曖昧になる
> ④ **消費者とのコミュニケーション**：ターゲットもペルソナも解像度が低いため、広告やコミュニケーション設計といったマーケティングのすべてが曖昧になる

　この①〜④を繰り返し行ったところで、消費者理解の解像度が低ければ、消費者にとっては自分に関係のないブランドであるとみなされる場合が多く、広告を使っても、結果が出ることはほとんどありません。

　俗にいうPDCAという言葉は、本質的な問題を整理して、プラン（P）・実行（D）・チェック（C）・改善（A）を繰り返すことを意味します。しかし間違った方法では、いくら高速にPDCAを回しても、結果が出るまでに非常に多くの時間とリソースを要するケース、または全く成果があがらないケースも多く発生します。

　先の例では、ターゲット設定・ペルソナ設定が曖昧なために、その後に続くマーケティング設計が曖昧になってしまったことが最大の問題ということです。繰り返しますが、選ばれるブランドを作るためには、消費者の解像度を上げていくことが、なによりも重要です。それでは次節で、正しいターゲット設定・ペルソナ設定はどのようなものか、解説していきます。

4 | 高確率で購入してくれる ターゲットは誰か？

解像度を上げるためのターゲット設定

前述のターゲット設定の"何が問題"なのか、から解説していきます。

仮に自社ブランドがシャンプーブランドとし、ターゲットを以下のように設定したとします。

対象商品：シャンプーブランドA
ターゲット：「40代女性」「ヘアケアに高い関心」「年収500万円以上」

なんとなく、ターゲットを絞り込んでいそうですよね。間違いではないですが、マーケティングを成功に導きたいのであれば、ターゲット設定における次の2点が大きな問題といえます。

● ターゲット設定の問題点1：誰でも簡単に設定できてしまう点

1点目はターゲットという言葉が曖昧であるがゆえに、誰でも簡単に設定できてしまう点です。しかももっともらしいターゲット設定である場合、プロジェクトに関わる全メンバーに設定したターゲットを共有したとしても反論や異議が返ってこず、ターゲット設定の議論が深まらないことがあります。

そのようになる理由は、ターゲット設定の正しい手順を教えてくれる人が誰もいないことにあります。またターゲットの設定内容が一般的であることから疑問視されず、結果としてターゲット設定を深く考える文化がないことも問題だと思います。再度お伝えしますが、販売戦略やマーケティングの出発点は、すべて消費者にあり、「消費者が何をしたら自分ごと化してくれるのか」を考えることが非常に重要になります。

消費者の解像度が低ければ、ブランド関係者・プロジェクトに関わるメンバーとの共通認識も曖昧なものになります。一度社内でアンケートを取ってみていただきたいのですが、自社ブランドのターゲットの定義を、ブランド関係者に聞いてみてください。おそらく、一見すると似たようなターゲットの定義が集まるかと思いますが、中身をよく見ると、人それぞれ、若干ニュアンスが違うか、全く違うものが集まると思います。

　そして、人によって、ターゲットの解像度が違うため、仮に抽象度の高いターゲットで満場一致したとしても、「じゃあ、より具体的にターゲットの定義を出し合いましょう」となれば、きっと人それぞれ定義が異なってくると思います。定義が異なることが本来は議論を深めるきっかけであるべきにもかかわらず、ターゲット設定から議論を交わしているブランドは私が知る限り、非常に少ないのです。

● ターゲット設定の問題点2：接客方法の相違による機会損失

　2点目は、設定されたターゲットの定義に当てはまるお客様が来店されたときに、どれくらいの確率で購入されるか、ブランド関係者間で共通認識がないことです。この共通認識がなければ、当たり前ですが接客にもムラが生まれます。あるスタッフは100％買ってもらえるお客様だと思って熱心に接客しているにも関わらず、違うスタッフは購入の可能性が低いと思い込み、通常の接客と同じことをしてしまい、大切なお客様を一人失うことにも繋がります。

　これは、実店舗のみならずECサイトでも同様のことがいえます。接客次第で100％買ってくれる可能性があるお客様の定義を、ブランドに関与する関係者全体で共通認識を持たなければ、なにが正しい接客なのか、どうすればお客様が購入までスムーズに完了してくれるのかが、人それぞれ解釈が異なるという問題が発生するのです。すなわち、そのような共通認識がないブランドであれば、大きな売り逃しにつながっている可能性が高いといえ、来店されるお客様の数が多い店舗ほど機会損失に繋がります。

　ターゲット設定が曖昧になればなるほど、ブランド関係者間の共通認識が曖昧になり、統一された接客もできなくなります。接客する人・接客す

るECサイトの見せ方や伝え方次第で、売上は大きく変わってしまうのです。

　それでは、『接客次第で100％買ってくれる可能性があるお客様』を最初から定義していた場合は、どうでしょうか？　上記で設定したシャンプーブランドAの場合で設定した内容をより具体的な内容に落とし込み、100％買ってくれるお客様を下記のように定義したとします。

> 「女性」「40代以上」「最初に勧めた商品を"前から気になっていた"と言ってくれる」「悩みはくせ毛」「今日シャンプーが必要な人」「今使っているシャンプーは1本3,000円くらいのブランド」「髪の毛のボリュームが若干ない」「美意識は高め」

　これを、ブランド関係者間で共有されていれば、該当のターゲットが来店した場合、スタッフは目の色を変えて熱心に接客するのではないでしょうか？　また、仮に該当のターゲットが購入にいたらなかった場合も、失敗パターンとして、接客内容をブランド関係者間で共有することで、より接客の精度が上がっていくことに繋げられると考えることもできます。売り逃しを最小にし、売り逃したとしても、改善に繋げることができるでしょう。

　そして、100％購入してくれるターゲットについてブランド関係者間で共通認識ができれば、それに続いて接客次第で70％程度の確率で購入してくれるお客様のターゲットを設定していけば良いのです。そうすることで、購入確率を70％まで引き上げるための接客方法をマニュアルに落とし込んだり、スタッフを教育することで、ブランド全体で売上の最大化が可能になります。

　また、失敗パターンを明確化し共有することも大切でしょう。そうすれば接客のどの部分に改善が必要なのかも共有でき、持続的なPDCAとスタッフ育成の効率化も同時に可能になります。

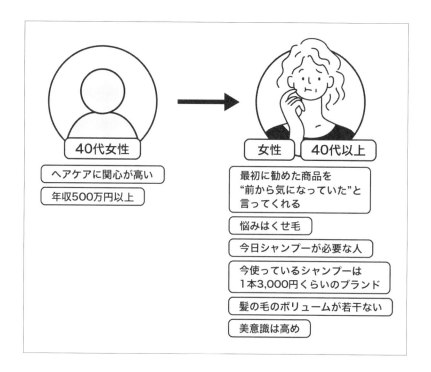

■ 実店舗とECサイトで接客を分ける意味があるのか？

　上記の接客の例では、イメージしやすいように、実店舗に来店されたお客様への接客をベースにターゲット設定をしています。ですが、本来ターゲットの定義が同じであれば、実店舗かECサイトかを問わず同様の接客を展開することが重要だと考えています。

　よくあるパターンとして、実店舗では販売員が接客しながらお客様と関係性を構築し、購入を促進させる接客をしているブランドであっても、ECサイトは非常に簡素で、テンプレートのような商品説明文が並んでいるだけの状態が多々あります。私の経験では、実店舗の接客とECサイトの接客が異なっているブランドの場合、消費者が求めている情報がなにかを明確に把握していないことが多いです。そのようなブランドは大半の場合ECサイトでの新規獲得に苦戦しています。

　おそらく、ECサイトが簡素で良いと判断しているブランドのほとんどは

「情報量が多いと買い物が煩雑になり、わかりづらい」といった消費者の意見を尊重するあまり、商品情報を敢えて少なくしているのだろうと思います。

　それでは、ECサイトに対して意見をいただける顧客はどのような方なのでしょうか？　それは自社ブランドを実店舗などで購入経験のある既存顧客の場合が大半でしょう。とすれば本来のECサイトの目的が「新規のお客様の獲得」であるにもかかわらず、いつしか既存顧客の満足度が高いECサイトになっているという事態に陥ってしまっているのです。これは、既存顧客が多いブランドであればあるほど、非常に多く見受けられる事象です。

　現在アパレル系ECサイトは、ライブコマースやレコメンド、スタッフのインフルエンサー化などあらゆる手段を駆使しており、店頭よりも情報量が多くなっている傾向があります。店頭よりも情報量が多いECサイトは私自身も見ていて楽しいですし、ライブコマースをやっているブランドは本気でブランドのことを消費者に理解させようとしているんだなと、とても感心します。

　同時にライブコマース中に他のユーザーのコメントなどにとても共感したりと、より一層ブランドを好きになる経験や体験が増えてきていると感じます。近年消費者に“ブランドの良さ”を届けるという信念のもと、ライブコマースを始めたブランドは非常に多いのですが、ライブコマースに力を注いだものの、顧客からの反応が悪く撤退したブランドが多いのも現状です。

　それでも、最初の取り組みでは全く反応がなかったけれども、信念で続けてきたことで、消費者との関係性を構築してきたからこそ、顧客から支持されるまで成長したブランドが増えてきているのも事実です。支持されているブランドが継続的に取り組んでいる施策は、きっとどのブランドも参考にできることは多いと思いますが、継続して実施できる信念が強ければ強いほど、消費者に支持されるブランドになることができるのです。

■ 高確率で購買してもらえるターゲット設定の方法

ここでは高確率で購買してくれるターゲット設定の方法について述べます。手順は至ってシンプルです。

① ブランド関係者全員で、『接客次第で、100％買ってくれるお客様は具体的にどのような人か？』を決める

② 次に、『接客次第で、70％買ってくれるお客様は具体的にどのような人か？』を決める

③ 次に、『接客次第で、30％買ってくれるお客様は具体的にどのような人か？』を決める

④ 最後に、『接客次第をしても、絶対に買ってくれないお客様は具体的にどのような人か？』を決める

重要なポイントは、①と④です。①は人それぞれ、考え方が異なるため、様々なアイデアが出るはずです。メンバーで出し合ったアイデアをまとめ上げ、最後に「この人は本当に100％買ってくれるのか？」をメンバー間で議論することで、より精度の高いターゲットの定義が生まれます。

私は社内外の勉強会で何度もこのワークをしていますが、なかなか「接客次第で100％買ってくれるお客様」を想像することは難しいようです。それでも、消費者の解像度を上げることがどれだけ重要かを本書で述べてきている通り、この訓練を根気強くブランド間のメンバーでできることが、消費者に選ばれるブランドを作り上げるためには必要不可欠なステップといえるのです。

ターゲット設定で重要なことは、④の「購入されないお客様」を決めることでもあります。購入されないお客様＝ターゲットではない人＝（言葉が悪いですが）相手にしないお客様、を決めることと等しいのです。なぜこれが重要なのかといえば、ECサイトでも実店舗でも、売上が低いときには、接客を頑張って売上を伸ばしたいと思うものですが、店舗には入れ代わり立ち代わりでお客様が来店し続けます。そのようなとき、絶対に買わない

お客様に対して熱心な接客するよりも、より購入の可能性が高いお客様に接客したほうがよいのは明白です。このように誰しもが分かりきった内容でも、ブランド間で「絶対に買われないお客様」を定義していなければ、買ってくれないお客様に必要以上に接客を行い、本当に買ってくれるお客様への接客がおろそかになり、売り逃しを起こしてしまうのです。

　④についてもう一点忘れてはいけないポイントがあります。④のお客様は「なにかに興味があって来店してくれたお客様」でもあるということです。来店してくれたのだから、買ってくれる可能性があるのでは？　と思いがちですが、そのようなことはありません。興味を持ったことは事実ですが、それは自身に最適なブランドかどうかを確かめるための来店です。今目の前に接客次第で30％買ってくれるお客様と、購入しない可能性が限りなく高いお客様を見極めるためにも、絶対に買わないお客様を定義することは重要なのです。

　ECでも絶対に買われないお客様の定義は大切です。それは「少しでもCVRを上げたい！」、「少しでも多くのお客様に買ってもらいたい！」などの願望があるために、購入確率の高いターゲットが求めている情報が薄まってしまったり、不要な情報を増やしてしまうなど、伝えたいメッセージが伝わりづらいという問題が起こります。

　当たり前ですが、ECサイトは情報量が多ければ多いほど良いわけではありません。必要な情報が、適切なタイミング、適切な量で出てくることが重要で、これがECでの接客なのです。店頭でもECサイトでも、不要な情報は購入意欲を低下させます。だからこそ「絶対に買われないお客様」を定義し、ECサイトから「絶対に買われないお客様に向けてのコンテンツやコミュニケーション」があるかどうかを判断し、不要な情報であればできるだけ削除することが重要なのです。

　このような手順を踏むことで、ターゲットのお客様が求めている情報だけをブラッシュアップすることができ、店頭と同じように、適切な接客ができるようになっていくのです。ブランドを拡大していくためには必ず必要になる労力であるため、多くの方にぜひ実施してみていただきたいと思います。

属性	定義
接客次第で100%買ってくれるお客様	週末にホームパーティーがあり、珍しい食材で、かつおいしい食材を探している。見た目が豪華な料理を作りたいと思っていて、料理を振る舞ったときに、この食材が中々手に入らないことを友人に話したい人
接客次第で70%買ってくれるお客様	たまたま来店したが、お酒が好きなので自分でおつまみをよく作っているため、何か良い食材があれば買おうと思っている。家の近くに似たようなお店がないため、より興味を持っている人
接客次第で30%買ってくれるお客様	食材に特別なこだわりがないが、自分の出身地などの"共通点"があるだけで、興味を持ってくれる人。食に興味はあるが、新しいお店だったので、ふらっと立ち寄っただけの人
接客しても、絶対に買われないお客様＝ターゲットから除外	食に興味がなく、安い食材しか買わない人

5 | ペルソナの設定方法の改善

ペルソナの設定方法はこうあるべき

　ターゲットの設定ができれば、次にペルソナ設定です。私の持論では、世の中にあるほとんどのペルソナの設定は、マーケティングに使えません。

　理由は単純明快で、解像度が粗すぎるためです。私は社内外のセミナーや勉強会で、あるブランドのメンバーが作ったペルソナを、なにも知らない同じブランドで働くメンバーに「このペルソナが買うブランドって例えば何だと思う？」と聞くことがあります。大半のケースで、全く違うブランドか、分からないという答えが返ってきます。そのようなペルソナ設定が、本当に意味を持つのでしょうか？　このような疑問から、現在当たり前のように使われているペルソナの設定方法を改善する必要があると強く思っています。

　ペルソナは、あくまでも、「接客次第で100％買ってくれるターゲット」をベースに作るべきと私は考えています。ターゲットの解像度を上げることができていなければ、マーケティングの設計はできていないことになります。ペルソナからマーケティング設計ができないのであれば、設定したペルソナ自体が全く意味を持たない、という見解になるのが当たり前です。

　それでは、具体的に、私が使用しているペルソナ設定方法をご紹介いたします。ペルソナの設定は、できるだけその特定の人物像になりきることが非常に重要です。こんなものかな、という曖昧なものになればなるほど、ペルソナの解像度が粗くなってしまうと同時に、100％購入してくれるお客様のユーザー像からも離れてしまうので、ご注意ください。

ペルソナ設定方法

① 即決できる購入単価はいくらなのか？

ターゲットがどの金額までならECサイト訪問後、購入を即決できるのかを考えます。

質問例)

シャンプーといえば、いくらくらいを想像しますか？

② 最高いくらまでなら購入できるのか？

ターゲットが頑張って購入できる金額を設定します。

質問例)

どれくらいの金額以上だと、購入を諦めますか？

③ 心理的な購入のハードルはなにか？

ターゲットが購入に踏み切れない要素を洗い出します。ほとんどのお客様がいろんな購入のハードルを抱えているため、複数の要素を設定できたほうが、ユーザーの解像度が上がります。

質問例)

「悩みの解消」、「金額」、「初めて使うことでの不安」、「他に気になっているブランドがある」のうち、購入にあたりどの優先順位で気になりますか？

④どういう価値観を持っているのか？

　ターゲットが、ブランドのどのような価値観に共感してくれるのかを考えます。

> **質問例）**
> 以下のブランドの活動のうち、最も共感できるものはなにか？
> □寄付・支援活動
> □環境配慮
> □常に良い商品を提供するための研究
> □お客様の声をもとに商品開発している　　　　　　　　…など

⑤過去にどのような商品を購入しているのか？

　ターゲットが、今までにどのようなブランドを購入し、どれくらい安い商品、どれくらい高い商品を使用してきたかを考えます。今までにどのようなブランドを使っていたかが把握できれば、どのような効果・効能を期待しているのかも想像しやすいため、実際に自社ブランドの購入者にアンケートを取ることも重要です。

⑥過去にどのような経験をしているのか？

　ターゲットが、⑤の過去どのような商品を使って、どのようなところに満足したり、どのようなところに不満を感じたのかを想像します。どのような商品を使っていたかの解像度が上がれば、自社ブランドに何を求めているのかが想像しやすくなります。

⑦どのような情報がきっかけで異なるブランドを良いと思うのか？

　ターゲットが、どのような情報やきっかけで、違うブランドに興味を持つのかを洗い出します。ここでも、一つに絞り込む必要はありません。あくまでどのようなときに、興味を持つのかを想像することが重要です。

⑧ 主な情報源はなにか？

　ターゲットが、日々の生活の中で、どのような媒体から新しい情報や、スキンケア情報などをチェックしているのかを洗い出します。これを設定することで、最も広告費をかける媒体を絞り込みます。

⑨ 情報源で一番信頼しているものはなにか？

　ターゲットがアクセスしている情報源の中で、最も信頼しているものがなにを考えます。信頼しているインフルエンサーなのか、特定の雑誌なのか、など。

⑩ ブランドに対しての好意度があがる要素はなにか？

　ターゲットが何に興味を持ってくれれば、好意度があがるのかを設定します。この設定で、広告やページのコミュニケーションをどのようにするかが決まります。

⑪ ブランドに対しての購入意思が高まる要素はなにか？

　ターゲットがどの要素に基づいて購入意思が高まるのかを考えます。ECサイトを訪問したということはある程度興味を持っているといえるため、どのような情報やサービス、またはブランドの活動を伝えれば、購入意思が高まるのかを決め、ECサイト上のどこにその要素を置くのかを設計します。

　以上のように、ターゲット設定をもとにペルソナ設定を自社ブランドで行うことで、より真の「ターゲット」「ペルソナ」の解像度が上がり、今まで抽象度が高かったターゲット、ペルソナが、ブランド関係者間で共有しやすい状況が生まれます。そして、このようにターゲット設定、ペルソナ設定を具体化できれば、ブランド関係者間で議論しあうことも可能になり、「私は接客をすれば70％の確率で購入してくれる消費者を含めて、ターゲットにするべきだと思う」などの意見が出やすくなるはずです。議論ができないターゲット設定、ペルソナ設定は、売上拡大につながるわけがなく改善にす

らつながりません。抽象的で曖昧なターゲット設定、ペルソナ設定からいち早く卒業し、より解像度を上げて、選ばれるブランドになるために前述のターゲット設定、ペルソナ設定の方法を参照していただければと思います。きっと今よりも、選ばれるブランドになっていくはずです。

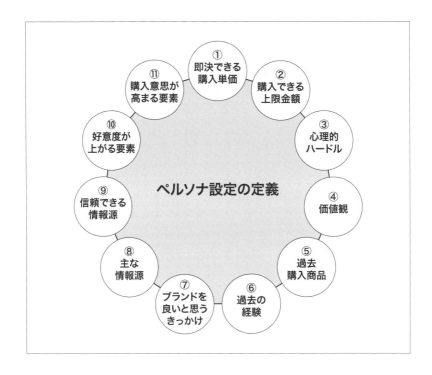

6 よくあるマーケティングの欠点は効率重視

　第2章では、販売戦略やマーケティングを考える上で、消費者の解像度を上げることができなければ、選ばれるブランドを作り出すことが難しいことを伝えてきました。また、マーケティング業界では当たり前に使われている「ターゲット」「ペルソナ」の設定が曖昧であり、マーケティングに巧く活用できていないケースが多いことも伝えてきました。そして一貫してお伝えしてきた点は、マーケティングにおいて消費者理解の解像度がどれだけ重要かということです。

　おそらくみなさんも、本書を読む前から消費者理解が重要なことはわかっていたと思います。それでもなぜ、この「消費者理解が大事」という重要な考え方が、マーケティングを実施していく過程で薄れていくのでしょうか。それは、以下の問いに対しての回答で説明できると思います。

　　問い① 　ブランドはなんのためにあるのか？
　　問い② 　マーケティングはなんのためにあるのか？

　おそらく、問い①は、「消費者のため」に近い回答だったのではないでしょうか？　では、問い②はどうでしょう。問い①とは打って変わって、「ブランドのため」に近い回答が多いのではないでしょうか？

　そもそもマーケティングとは、「一人でも多くのお客様にモノを売る・届けること」「商品やサービスが売れる仕組みをつくること」と考えられています。だとすれば、マーケティングはブランドが主体の販売活動ということです。ブランドが主体であることから、投入した広告費に対しどれだけの費用対効果があるのかという効率性の追求が重要になり、本来消費者に選んでもらうための努力より、いかに効率的に売上をあげるかにフォーカスされ続けてきたのではと考えられます。

本当にそのような取り組みで、消費者に選んでもらえるブランドが作れるのでしょうか？　私の現在の体感では、ほとんどのブランドで新規獲得の効率が落ちています。今までと同じやり方でマーケティングを行い、今までと同様に効率を重視しているブランドであればあるほど、より顕著に実績に現れていると感じています。新しい顧客との接点をどう作り、広げていくのか。そして、いかに好意度を上げていくことができるのか。この問いに対する答えを出さなければならないタイミングにいよいよ来ていると思います。

　EC業界は未来が明るいといわれていた時代はもうとっくに過ぎ去ったといえます。これから先人口が確実に減り続ける日本では、今は生き残るか死ぬかの、EC戦国時代ともいえます。そして、市場はとっくに"買い手市場"つまり消費者主導に移り変わっています。であれば、市場での主人公はブランドではなく、消費者であることは間違いのない事実だということを、私たちマーケッターはもっと理解すべきだと思います。

　消費者が信頼できるブランドになり、消費者に選ばれるブランドになり、消費者がより満足してくれるブランドに変わっていくことが非常に重要なことだと思います。近い将来、マーケティングというブランド主体の効率を追い求める言葉から、"消費者主体の言葉"になることを願いつつ、一つでも多くのブランドが、サスティナブルな活動を展開していけることを心から願っています。

7 | 第2章まとめ

① 消費者は、自分の価値観や、お金を費やすことで得られる満足感・充足感を考慮して、ブランドを選んでいる。時代の流れとともに、消費者の考え・価値観は変わっていくため、同時に消費者のブランドの選定基準も変わっていくため、価格やスペックだけでなく、ブランドの価値観や、この商品がどれだけ環境に配慮したものなのかというブランドの活動なども、消費者のブランド選考時の判断要素になることが今後ますます強くなっていくことが予想される。

② 消費者は3つのフェーズを経て購入に至る。

（1）認知フェーズ
（2）確認フェーズ
（3）最終検討フェーズ

各フェーズごとに、消費者が求めている情報を適切に与えることができなければ、次のフェーズに移行することもなく、購入されることは限りなく少なくなる。また、消費者は日々莫大な情報量の中から、"自分に関係ありそうなもの"を無意識に取捨選択し、関係ありそうと思ったものだけを、意識として選択（＝自分ごと化）するため、（1）認知フェーズ・（2）確認フェーズでは、自分ごと化できるかどうかが非常に重要。また、（3）最終検討フェーズでは、消費者が購入に踏み切れるための納得感を感じるかどうかが重要なため、3つのフェーズを一つ一つ最適化し、緻密なコミュニケーション設計の構築を行うことが売上拡大のためには必要。

③ マーケティング業界で使われる一般的な「ターゲット」や「ペルソナ」という言葉は、企業文化・ブランドごとにも定義が異なるほど、非常に曖昧で抽象的な言葉である。そのため、本来消費者の解像度を上げ

るための「ターゲット設定」や「ペルソナ設定」を行ったとしても、抽象的な内容が多く、解像度が低いため、その後に実施するマーケティング設計が曖昧になってしまい、結果的に顧客獲得にも、売上拡大にも繋がらないことが非常に多い。ターゲット設定やペルソナ設定をしてから行ったマーケティングにも関わらず、結果が出ない理由は以下の通り。

（1）ターゲットの幅が広すぎて、本当は購入してくれるターゲットにメッセージが届いていない（＝ターゲットである消費者が自分ごと化できていない）
（2）ターゲットの解像度が低いために、ペルソナに関しても解像度が低く、意味を持たない抽象的なペルソナになっている
（3）抽象的なペルソナなために、その人物像が実際にどういう行動したり、どうやって情報を集めているのかが曖昧になる
（4）ターゲットもペルソナも解像度が低いため、広告やコミュニケーション設計といったマーケティングのすべてが曖昧になる

④100％買ってくれるターゲットを設定し、ブランド間で共通認識を持つことができれば、売り逃しを最小にし、売り逃したとしても、改善に繋げられることができる。反対に、100％買ってくれるターゲットを設定していなければ、接客にムラが生まれ、大切なお客様を一人失うことにも繋がる。また、店頭でもECサイトでも、不要な情報は購入意欲を低下させるため、ターゲットではない人を決めることも非常に重要。

⑤一般的な定義で作られたペルソナは、解像度が粗すぎてマーケティングに活用できず、全く意味を持たないため、定義からアップデートする必要がある。ペルソナを設定する上では次の11項目が必要である。

（1）即決できる購入単価はいくらなのか？
（2）最高いくらまでなら購入できるのか？
（3）心理的な購入のハードルはなにか？
（4）どういう価値観を持っているのか？
（5）過去にどのような商品を購入しているのか？
（6）過去にどのような経験をしているのか？
（7）どのような情報がきっかけで異なるブランドを良いと思うのか？
（8）主な情報源はなにか？
（9）情報源で一番信頼しているものはなにか？
（10）ブランドに対しての好意度があがる要素はなにか？
（11）ブランドに対しての購入意思があがる要素はなにか？

⑥マーケティングは、ブランドが主体の販売活動であり、どれだけの広告費を使い、どれだけの費用対効果があるのかという、"効率"を追求することが今までの常識だった。しかし、今までと同じやり方でマーケティングを行い、今までと同様に効率を重視しているブランドでは、新規獲得に苦戦している状況が多い。モノが溢れ、市場はとっくに"買い手市場"に変わっている現在では、マーケティング上の主人公はブランドではなく、消費者であるべきであり、消費者に選んでもらえるブランドになることが重要。

誰も教えてくれない
買われない理由

1 | 消費者が "買わない" シンプルな理由

　消費者は常に様々な情報を取捨選択し、自分に最適な商品・ブランドを見つけようとしています。日頃より新しい商品・ブランドを探し求めている一方で、納得しないと買いません。新しい商品やブランドが欲しいという気持ちと、購入に踏み切るための厳しい判断基準との狭間で、消費者は常に葛藤を繰り返しています。ある意味理性的な判断を持って時間をかけて購入するケースもあれば、衝動買いのように思わず購入してしまう場合もあるでしょう。この「購入する・購入しない」の決定的な違いは何でしょうか？

買わない理由は "自分ごと化" できなかったため

　消費者は、なにか商品を購入したときに、なぜ買ったのかを問われると「成分が良さそうだから」「安かったから」といったある種の合理的な回答をもって商品購入の行動を自ら正当化しようとする本能が働きます。もしこれが本当に合理的な買い物であるならば、「良い効能の成分がどのブランドよりもどれくらい含まれている」「より安くて同じ品質の商品を探したけれども、この商品が一番安かった」というように、正確な情報に基づき正しい判断を下したことを証明できるはずです。

　しかし正確な情報を掴んで判断するには時間と労力を要します。よって大半の消費者はほどほどの情報探索で満足し、あたかも合理的であったかのようなもっともらしい理由で購入行為を正当化します。さて、ではなぜ消費者は商品を買ってしまうのでしょうか？　それは以下のようなフローで購買が決定されているからです。

　　①常に今より良い生活で暮らしたいという欲求を持っている
　　②その欲求を満たせる商品が見つかれば、購入を検討する
　　③自分が納得する合理的な見解があれば、購入を決断する
　　④購入完了までになにも邪魔が入らなければ、購入を完了する

商品によって満たしたい欲求レベルに強弱はありますが、基本的にこのフローをくぐり抜けた商品を消費者は購入しています。言い換えれば、"自分ごと化"できた商品だけを購入しており、この"自分ごと化"できた点が共通点になるといえます。

　それとは逆に、消費者が買わなかった商品は"自分ごと化"できなかった商品というのが共通点といえます。自分ごと化の定義は様々だと思いますが、確実に自分に必要なブランドだ（または必要かもしれない）と認識できず、少しでも自分ごと化が弱まってしまう（合理的な見解が言えない）と、購入をためらってしまうという感じです。

上記の①〜④のフローの通り、私たちは常に、自分ごと化できる商品を探しています。そして、この消費者が求めている情報や商品が、ブランドが提供したい情報や商品と噛み合わないと、消費者は自分ごと化ができないのです。消費者は、常に自分が主人公という立場で情報を探しているのであり、自分が知りたい情報がなければその商品と自分を結びつけるものがなくなります。その結果、商品を購入しないという単純な意思決定だけでなく、関心がない商品・関心がないブランドに格下げされる可能性も考えられるのです。

ブランドが何を伝えてこようが、自分に必要のない情報は一切受け取らないのが消費者です。だからこそ、ブランド主体のメッセージではなく、ブランドが提供できる情報がいかに消費者にぴったりな情報だと消費者に気づかせることが、ブランドの正しいポジションであり、正しいコミュニケーションであるといえます。

2 | 全く興味がないところからのスタート

　消費者は、常に自分に関係がありそうな情報や自分の生活がより豊かなものになる商品・サービスを探しています。ロールプレイングゲームで例えるなら、常に自分が主人公であり、人生という冒険をともに進むためのパートナーや武器を探しているのと一緒です。そして、人それぞれ必要としているパートナーや武器の種類が違うため、自分に合うかどうか、好きか嫌いかで、パーティに含める仲間・武器やアイテムの選択を繰り返します。

　消費者がブランドを選ぶことも同じことがいえます。まずは、自分が必要としているものなのか、自分の悩みや不満を解消してくれるものなのか、そして購入するだけの価値があるのか。消費者は瞬時にこのような判断を繰り返しているのです。また、情報が溢れかえっている現代社会において、「自分の悩みや不満を解決してくれない商品は、自分に必要ない」と一度烙印を押されてしまった商品やサービスは、その後半永久的に無関心の状態が続くでしょう。

　そしてこの無関心の状態で、ブランドから話しかけられても消費者は話を聴こうともせず、無視するようになります。「いやいや、話くらいは聞こうとするでしょ」と反論されるかもしれませんが、消費者は見て見ぬふりをします。日常生活に必ずといっていいほど登場する広告が最もわかりやすい例だと思います。自然と目には入ってくるけれども、それを注視してブランド名を検索したり、広告バナーをクリックするなど何らか行動を起こしたことが、1日の中にどれだけあるでしょうか？

　仮に何らか行動を起こしたことがあったとしても、何も行動を起こさなかった回数のほうが圧倒的に多いはずです。それだけ日常生活には様々な広告や情報が存在しているため、消費者は必要と感じたものだけを無意識にキャッチアップしています。そして無視している広告は無数に存在しているのです。

"無関心" と "興味がない" の最大の違い

　私は仕事柄、多くのブランドに関わる人々・マーケッターが、"無関心" と "興味がない" という心理状態の違いを理解していないと感じています。

　わかりやすい例で説明してみましょう。あなたはクライアントとの打ち合わせに向かうために、街の中を急いで歩いています。そこでくじ引き大会が行われていて、スタッフがメガホンで「くじ引き1回無料です」と大声で集客しています。あなたは次のうち、どの行動を取りますか？

①急いでいるためくじ引きの情報は全く入ってこない状態で、仕事のことを考えながら素通りし、くじ引きのことは一切目に入らなかった
②くじ引きをやっていることは目に入ってきたが、「街の商店街のくじ引きなんてきっと大したことない」と思い素通りした
③くじ引きに興味を惹かれて、くじ引きの景品や人だかりを見たが素通りした

　①、②、③は全て素通りしていることは共通していますが、どれも無関心であるとはいえません。ここで大事なポイントは、関心や興味の有無です。①は完全に関心がない状態で、おそらく1日中誰にもくじ引きの話はしないでしょう。一方②は関心はあったが興味がなかったという状態といえます。一瞬でも関心を持ったため、景品の見せ方や呼び込み方法の工夫で、より興味を持ってくれた可能性が高いです。

　最後に③は、結果的に素通りしていますが、関心もあり、興味を持ってくれたことがはっきりとわかります。もし時間的な余裕があったら、くじ引きをしていた可能性もあったでしょう。2時間後の打ち合わせから帰ってきたタイミングでくじ引きがまだ行われていたら、くじ引きする可能性が高いといえます。重要なことは、①、②、③では結果的に同じ "素通り" であっても、心境が異なっているということです。

　広告一つをとっても同じことがいえます。広告のクリック率の良し悪しは数値で可視化できるため、確実に誰でも良し悪しが判断できます。ただし、

なぜクリック率が良かったのか、あるいはなぜ悪かったのかを考えているマーケッターが少ないことも事実です。両方重要ですが正確にいえば後者の方により強いフォーカスをあてる必要があります。クリック率が良かった理由の理解も大事ですが、悪かった理由の理解も、消費者理解を深める上では非常に重要だと考えています。

　クリック率が低いということは、つまり"関心を示さなかった"＝"無関心"であったユーザーが多い広告といえます。その問題がそもそも広告クリエイティブにあるのか、広告の出稿場所にあるのか、原因を突き止めることができれば、今よりもきっと広告の費用対効果を改善することができます。

　ほとんどの広告運用は、クリック率が良いものを採用していくプロセスを採用しています。そして、クリック率が悪い場合の問題を突き止めないまま広告費を使用しているため、費用対効果の微々たる改善しかできないことが大半です。無関心の傾向が強かったバナーの共通点や、逆に関心が強い傾向にあったバナーの共通点はなにかを探求していくことが、消費者が自分ごと化できるメッセージやブランドの魅力を伝えるためには重要です。

　クリック率が良いものだけを採用するということは、ブランド主体のメッセージでも良いと判断しているのと一緒です。ブランド主体のメッセージで設計された広告やランディングページで売上が上がるのであれば、より多くの広告費を使用したブランドがより多くの売上をあげているはずです。

　しかし現実はそうではありません。むしろその取り組み方で費用対効果が年々悪化しているブランドが多く存在しています。消費者は自分に必要な情報でしか関心を示しません。だからこそブランド側からのメッセージは消費者に"自分ごと化"してもらうためのメッセージでなければいけないのです。ブランド主体のメッセージで、購入件数を最大化させるマーケティング設計は、店頭の接客で例えるなら、お客様との関係構築を無視してクロージング［顧客と契約を締結すること］だけを求めた接客と一緒です。

3 | スペシャリストなブランドを選びたい 消費者心理

　情報やモノが溢れかえる現代社会において、消費者はどのような存在から情報を得たいと思っているでしょうか。同じ内容の情報を発信しても、影響力がある人からの情報と、影響力がない人からの情報では、情報の伝わり方は違うでしょう。下手すれば間違った情報を参考に、間違った行動をする可能性もあるため、常に自分が信じられる情報がなにか、自分が正しい行動を取れるかどうかを、消費者は常に見極めています。

　それでは消費者はどのような情報を求めているのでしょうか？　消費者が求めている情報を理解できれば、より消費者から信頼されるブランドを構築できるはずです。消費者が何を信じ、誰からの情報であれば自分ごと化できるのか、解説をしていきます。

どういう情報なら消費者は信じるのか

　消費者は日々膨大な情報量の中から自分に最適な情報だけを取得し、その情報の正しさをSNSや検索や口コミなどで判断しています。また、SNSの普及により個人で様々な情報を発信できてしまうため、より信頼性のある情報を求めるようになっています。そしてEC利用者の増加に伴い、ECでの買い物によって後悔した経験がある消費者が増えています。そのような経験を繰り返している消費者は、さらに信頼性のある情報を求めるという状態になり、その結果、より信頼できる商品しか購入しないという状況になっています。

　消費者は、普段どのような情報をもとに信頼性があると判断しているのでしょうか？　大きく分けると、次の4つの項目、①販売実績、②第三者の評価、③権威、④情報の鮮度に分けることができます。

①販売実績

　最もわかりやすく情報として利用しやすいのが「販売実績」という情報です。「ランキング1位獲得」や、「累計販売個数10万個突破」などが該当します。しかしそのようなアピールはほとんどのブランドが使用しているのが現状です。そのため実績の内容も競合する他社の商品と同じような見せ方をしている場合が多く、消費者に情報が届かず機能していないケースがほとんどです。

　なぜ機能していないのでしょうか？　消費者は「今売れているかどうか」をシビアかつ迅速に理解しようしています。よって単に実績を伝えるのではなく、消費者側にどう伝わっているかが重要です。例えば特定の年齢層でのランキング実績（40代女性が選ぶ人気ランキング1位など）や満足度（50代の女性の94％が効果を実感）がメッセージとして適切な場合があります。消費者はその実績情報が自分に役立つのかを一瞬で判断します。たった数秒の中で、何を伝えるべきかを消費者の視点で考える必要があります。

②第三者の評価

　口コミやレビュー、インフルエンサーの評価などが「第三者の評価」です。自分が気になったブランドでも、口コミが少なければ購買意欲の増加は見込めず、口コミが多ければ多いほど購入意欲が増す傾向にあります。特にZ世代やデジタルネイティブの世代では、フォロワー数や動画再生回数、コメント数の多さで信頼性を判断する傾向が強く、それ以外の世代も最近はそのような傾向になりつつあります。

　そのため、口コミ数・レビュー数や、SNS上の投稿の数などが少なければ「あまり人気がないブランド」として認識される傾向があります。少し残酷なデータにはなりますが、ECサイト上のレビュー閲覧率は平均で7％程度です。購入意欲が高まっている消費者だけがレビューを見る傾向があることがわかっています。ほとんどの消費者はレビュー件数でレビュー自体を詳しく見るべきか判断し、大多数の消費者はレビューの内容を見ることな

く、サイトから離脱してしまいます。

　どのような消費者であれ、他人が買っているのか、満足しているのかどうかを頼りに商品を探しています。ブランドがしなければいけないことは、消費者に「このブランドは人気があるんだな」と気づかせてあげることです。売れていないから口コミやレビューが集まらないと嘆いても、消費者が選んでくれることはほぼありません。

　売れていなくても、モニター募集や知人の口コミを掲載するなどやれることはたくさんあります。スタッフレビューも第三者評価にはならないですが、レビューとしての機能は果たせます。ブランドが口コミを集めることなくブランド自身が自画自賛しているブランドを消費者は選んでくれません。消費者が選ぶのは、他人が良いと評価したものが圧倒的に多いのです。理由は簡単です。購入を失敗したくないというシンプルなニーズがあるからです。

③権威

　心理学で「権威効果」と呼ばれるものがあります。これは『地位』や『肩書き』といった権威的特徴がその人物や発言により高い評価や信頼感をもたらす心理効果のことをいいます。権威の例で最も活用されているのは、商品開発に「○○大学の教授が商品開発に参画」や「○○先生プロデュース」、「芸能人の○○さんも愛用」などです。

　ある道の専門家からおすすめされているのであれば、信頼できるブランドだと消費者側も受け取りやすいということです。ただし、このわかりやすい権威もまた、様々なブランドで乱用されているため、「専門家からのおすすめ」のような権威訴求があったとしても、その情報だけでは信憑性が高いかどうかを消費者は判断できず、結果的に権威効果が薄れてしまっている事例が現状では多いと思います。

　ただし、そうは言いながらも確かなことは、情報が溢れかえる今日において、消費者が求めている情報は「信頼性の高い情報」であり、すなわち「そ

の業界の専門家からの情報」だということです。SNSの普及により、より多くの個人が「この商品良かった」と発信できる一方で、情報元が信頼できるかどうか、鵜呑みしていいのかどうかを消費者が注視している傾向は間違いなく強くなっています。

言い換えれば、情報を発信しているブランド自体が「その業界のスペシャリスト的なブランドである」ということを、消費者にメッセージとして届ける必要があるのです。このメッセージを届けることができれば、ブランド自体の存在が権威であると、消費者側に認識させることができます。

消費者の立場で考えても、何者かわからないブランドが発信している情報よりも、その業界のスペシャリストなブランドから発信されている情報のほうが信頼できるでしょう。だからこそ、各ブランドは自分たちが何のスペシャリストなのかを消費者にわかりやすく明示しなければいけません。

繰り返しになりますが、消費者に伝えたいメッセージが不明瞭であれば、消費者にメッセージが届くわけがありません。「私たちのブランドは○○という分野のスペシャリスト」というわかりやすいコピーとともに「専門家の○○さんからのおすすめ」というような権威を加えてあげることで、より専門性の高いポジションを作り上げ、消費者に強い印象を残すことができます。

④情報の鮮度

最後が、「今売れているかどうか」を判断する上での情報の鮮度です。前述の①販売実績、②第三者の評価が1年以上前であれば、信頼性に欠けると判断されてしまいます。また消費者は、一度信頼性に欠けると思ってしまうと、一貫性の法則により信頼性の欠ける情報をより探しまわる心理状態になります。よってブランドは誠実で正しい情報を載せることが、消費者にとってもブランドにとっても正しい選択になります。

大半の消費者は「今売れている商品」や「今注目されているブランド」かどうかを判断軸においており、今売れている感を出せない商品は"昔は売れていたが今は売れていない商品"という認識に変わってしまう可能性が

高まります。私の経験では、「人気ランキング1位」という文言よりも「今一番売れています」という文言にした場合のほうが、クリック率が2〜3倍高くなる場合が多く、ほんの少しの言い回しだけで消費者の反応は大きく変わります。

　どのようなブランドも流行り廃りが発生します。このメカニズムは、ブランドや企業側の視点からはプロダクトサイクル［新しい商品が登場し既存の商品と入れ替わること］の関係だと結論付けられることが多いと思いますが、消費者目線でいえば、"昔は売れていたが今は売れていない商品"という認識が多くの消費者の間で定着してしまったということでもあると思います。

　身の回りのブランドでも、何十年も業界NO.1を獲得し続けている商品が存在します。プロダクトサイクルの理論でいえば、確実に終焉を迎えても良いはずですが、NO.1を取り続けている理由がまさに「今売れている」商品である認識を、消費者がメッセージとして受け取っているからでしょう。

スペシャリストなブランドを選びたい消費者心理

　ここまで述べてきた通り、消費者は最もみんなから支持されているスペシャリストなブランドがどのブランドなのかを見極め、信頼できると判断すれば、耳を傾けようとする体勢になります。この状態までブランド側が消費者を導くことができなければ、消費者がブランドからのメッセージを受け取ってくれる可能性は非常に低いでしょう。

　ECサイトに広告を使い集客できたとしても、売上につながっていないケースは非常に多く、どのようなECサイトでも直帰率は一般的に60〜70%と過半数が1ページ目で離脱しています。だからといって1ページ目で買わせることだけを考えるのではなく、どのようなメッセージを届けたいのか、どのようなことだけでも覚えてもらいたいのか、今一度コミュニケーションの設計を考え直すことも検討していただきたいと思います。

　仮に今回買われなくても「今売れている感」「みんなから支持されている」

「どのようなスペシャリストなのか」が分かれば、一度離脱した消費者もブランド自体は覚え続けている可能性が確実に上がります。覚えてくれてさえいれば、ブランド名での検索やサイトへの再訪問など、次の行動に繋がり、購入の可能性は高まるでしょう。

　どのようなブランドも、基本的には競合ブランドとの椅子取りゲームです。少しでもある分野のスペシャリストであることを消費者に覚えてもらい、さらに売れているブランドであることを認識してもらい、そして消費者が自分ごと化できるメッセージを伝えることができれば、この椅子取りゲームを勝ち取れる可能性を上げられるのです。

　逆に競合よりも劣っている部分があれば、この椅子取りゲームの勝者を競合ブランドに譲ってしまうのと同じです。販売実績やレビュー件数などでは、どこかの競合ブランドが必ず1位であり、ほとんどの場合競合に負けている要素が多いのです。だからこそ、最も力を入れて消費者側に理解してもらわなければいけないことは「私たちのブランドが、どのようなスペシャリストなのか」ということです。

　消費者はとても単純です。どのような消費者であれ「"今"最も信頼できそうなブランドから商品を購入したい」と思っています。どのブランドもブラッシュアップが必要なメッセージは、自分たちのブランドが、どの分野のスペシャリストなのかということであり、このメッセージをわかりやすく届けられたブランドが、数少ない椅子取り合戦の勝者になれる可能性を上げるのです。

4 | "軽い興味" の段階で 消費者に覚えてもらうことはなにか？

　消費者は、ありとあらゆるタッチポイントでさまざまなブランドの情報に接し、自分に必要なブランドの情報のみを取得しています。その取得手段は広告、SNSの投稿、動画など様々です。そしてほとんどの場合、特定のブランドの情報はたまたま見かけた場合が多く、好意度が高い状態で閲覧している消費者は多くありません。それでも一人でも多くの消費者を獲得するために、ブランドは集客に躍起になっているのが現状です。

　ここでブランドが注意しなければいけないことは、消費者はなにか自分にとって有益な情報があるのかを探したり、暇つぶし感覚でSNSや動画の情報などを見ているという点です。自分ごと化する体勢や心の準備もできていない状態のため、ブランド主体のメッセージで商品を購入させようとする設計は、消費者の心理状態とは相反するものになっています。そのような状況で、どのような情報をメッセージとして植え付けるべきなのでしょうか？

広告クリエイティブの良し悪しの結果分析は重要

　前節では、「販売実績」「第三者の評価」「権威」「情報の鮮度」とともに、ブランドがどの分野のスペシャリストなのかを明確にすることが重要と述べました。しかしこれは「消費者がブランドに興味を持った状態」が大前提です。消費者は様々なタッチポイントから、ある特定のブランドを認知したあとに、瞬時に自分ごと化できそうなブランドなのかを判断します。そしてその判断の後に、数秒〜数十秒の間で、ブランドや商品の特徴などを理解し、より詳細に情報を閲覧すべきかどうかを判断します。

　そして、より詳細に閲覧するとなったら、ECサイトの訪問やブランド名での検索行動を行い、より多くの情報を確認しようとします。一連の流れをわかりやすい例で表示すると次の通りです。

①**認知**：SNS広告の閲覧

②**興味**：広告に目が留まり、テキスト情報を閲覧

③**確認**：バナーをクリックしたり、ブランド名での検索から、新しい
　　情報を得ようとする

④**検討**：ECサイトまで行き、レビューを見て、他のユーザーがどう
　　いう体験をしているのかを確認

　大半のSNS広告はクリック率1%〜2%程度なのですが、そのような状況下で多くのブランドは集客を実施しています。このクリック率からもわかるように、98%以上の消費者はクリックしてくれません。よってどのブランドも複数のクリエイティブを準備し、最もクリック率が高いクリエイティブが何なのかを検証の上、よりクリック率が高いクリエイティブで集客しているのが一般的です。

　どのクリエイティブが当たるかやってみないとわからないため、同時に複数のクリエイティブを広告で回し、良いクリエイティブを見つけていこうとします。このような検証の進め方自体は間違っていないと思いますが、本当にその進め方で消費者に刺さるクリエイティブが作られるのかどうかに関しては、私はとても懐疑的です。

　なぜなら、クリック率が良かったとしても、なぜ良かったのかその理由をしっかりと分析しているブランドが少ないからです。なぜクリック率が良かったのかを消費者目線で言語化することができなければ、広告の次に閲覧するページ（ランディングページ）のコミュニケーションは最適化できません。

　同時に、クリック率が悪かった理由の分析も重要です。クリエイティブを作り直す際に、過去悪い結果になったクリエイティブの共有点や、消費者目線でクリックしてもらえない理由に関して関係者間で共通認識が持てていないと、同じ過ちをおかすでしょう。実際、私の知る限りそのようなケースは驚くほど多く発生しています。

クリックしない消費者に向けた印象付けの意義

　大半のブランドは広告費に限りがあり、より効率的に広告を回す必要があります。つまり、良いクリエイティブや悪いクリエイティブの共通点を見つけられないと、コスト効率のよい広告運用ができなくなってしまいます。良いクリエイティブの共通点を見つけることができれば、ブランド全体で「よりターゲットに刺さるメッセージはなにか」という取り組みが加速できます。そして、良いクリエイティブの共有点を見つける意義は「仮にクリックされなくても、何を伝えるか」にブランドとしてこだわれることだと考えています。

　というのも、結局のところ98％はクリックされないわけではありますが、それでも何らかの印象付けを行っておきたいでしょう。そのためにも「クリックされなくても、何を伝えるか」の議論は重要と考えます。なぜならば、クリックはしなかったけれども、特定の情報を覚えてくれていれば、広告効果が後になって発揮される可能性が高まるからです。

　興味深い事例をご紹介しましょう。すでにブランドのECサイトを訪問したことがある消費者と訪問したことがない消費者で、同じクリエイティブでクリック率を比較したところ、ブランド認知の違いでクリック率に大きな差が生まれました。訪問経験ありの消費者はブランドを知っているため、「より具体的な商品コピー」のタイプBのクリック率が高く、反対に経験なしの消費者はブランド理解が乏しいため、「より抽象度の高いコピー」のタイプAのクリック率が高くなるという結果になりました。

　消費者のブランド理解があるかどうかで、「クリック率が変わりそう」という予想を立てたとしても、クリック率が顕著に変わることを予想することはまず難しいのがマーケティングの世界です。この事例からもわかるように、消費者のブランド理解や、コミュニケーションの言葉だけで、大きくクリック率は変わります。消費者理解を高めることが、消費者に選ばれる可能性をぐっと高くする近道だということが、ご理解いただけるのではないでしょうか。

タイプ	行ラベル	合計/ご利用金額	合計/インプレッション	合計/クリック	合計/CTR
A	数々の賞を受賞した美容乳液を今日から 詳細はこちら	1,953	32,157	460	1.43%
B	美容乳液が試せる トライアルキット 詳細はこちら	1,300	39,971	254	0.64%

ECサイトの閲覧履歴なし&ブランド未購入者

タイプ	行ラベル	合計/ご利用金額	合計/インプレッション	合計/クリック	合計/CTR
A	数々の賞を受賞した美容乳液を今日から 詳細はこちら	2,680	37,995	708	1.86%
B	美容乳液が試せる トライアルキット 詳細はこちら	2,754	34,566	857	2.48%

ECサイトの閲覧履歴あり&ブランド未購入者

5 | 売れない理由は広告代理店ではない

　第3章のテーマは、「誰も教えてくれない買わない理由」です。第1節で消費者が買わないシンプルな理由を解説し、第2節ですべての消費者は全く興味のないところからスタートすること、第3節で消費者はその道のスペシャリストなブランドから買いたいと思っていること、第4節で買わせることだけでなく覚えてもらうことが重要だと述べてきました。

　消費者は、自分よりもはるかに専門性があり、信頼できる存在を探しています。なので、そのブランドの特徴を覚えてくれるだけ興味を持ってもらうことができれば、買われる可能性が確実に上がります。言い換えれば、ブランド自身がターゲットとなる消費者に対して"興味を持ってもらうこと"を追求できなければ、買われる可能性が下がるともいえます。あくまでも、どのような情報を発信すれば良いのかを決めるのは、ブランド自身です。

広告戦略はあくまでもブランド側の責任である

　ただし、ほとんどのブランドは広告代理店を通し広告運用を実施しています。それ故、広告運用の成果として売上につながらないことを広告代理店に原因があるかのように指摘するブランドが多いことに違和感を覚えています。広告代理店はあくまでもビジネスパートナーであるブランドが実施したい広告やコミュニケーションを、効率よく多くの消費者に届けることを目的としています。そしてほとんどの広告代理店のKPI［Key Performance Indicator（重要業績評価指標）］は費用対効果を示すROAS［Return On Advertising Spend（広告の費用対効果）］かCPA［Cost Per Action（顧客獲得単価）］であることが一般的です。

　自分たちが伝えたいコミュニケーションを消費者に届け、結果的に費用対効果が低い場合は、だれの責任になるのでしょうか？　私はすべての責任はブランドにあると思っています。広告代理店の肩を持つつもりもありま

せんが、あくまでも広告戦略を作るのはブランド側であり、広告代理店に広告戦略を求めるのは非常に危険です。

　例えば、集客効率を表す"CPC（1クリックあたりの費用）"について、想定よりも高くなってしまった場合、往々にして、ブランド側から広告代理店へCPCを下げるようにリクエストが入ります。ここまでであれば健在な会話なのですが、CPCの数値を改善するためのアクションについて、両者間でやりとりされないことがほとんどです。CPCが高いのであれば、本当の問題は、広告代理店の運用ではなく、広告クリエイティブの質やブランドの認知度が低いことが本質的な問題になることが圧倒的に多いのです。

　ブランド側が数値を改善するために自身でアクションすべきことが何なのか、広告代理店との十分なディスカッションをすることが本来の姿だと強く思います。ブランドのレギュレーションの制約上、特定のキャッチコピーしか使えないことがCPC高騰の理由になっている可能性も考えられます。数値が悪いことについて、運用面だけの視点で問題を考えてしまう気持ちは分かりますが、消費者目線で自分ごと化できない理由を列挙し、問題点に優先順位を付けて、解決することが非常に重要だと思います。

　ブランドが言いたいことではなく、主人公である消費者に向かって、興味を持ってもらう誠実な対応が必要です。そのためには、"ターゲット"を明確にして、そのターゲットが気にしていることや、達成したいことを先回りしてターゲットである消費者に、解決策を提示してあげる必要があるのです。

　どのような消費者も、自分よりも多くの知識と信頼を獲得しているスペシャリストからの提案は耳を傾け、かつ自分にぴったりな情報を与えてくれることを望んでいます。消費者が望んでいる情報がなにか、どういうスペシャリストを信頼してくれるのか、このような問いにブランドは真摯に向き合い、消費者に適切な情報を与える必要があると私は考えます。

6 | 第3章まとめ

① 消費者は、常に今より良い生活で暮らしたいという欲求を持っていて、その欲求を満たせる商品が見つかれば、購入を検討し、納得すれば購入する。ただし、消費者は"自分ごと化"できた商品だけを購入するため、自分が求めている情報がなければ、その商品と自分を結びつけるものがなくなり、"自分ごと化"できなければ購入されることはない。ブランドが何を伝えてこようが、自分に必要のない情報は一切受け取らないのが消費者であるため、ブランド主体のメッセージではなく、ブランドが提供できる情報がいかに消費者に適切な情報だと気づかせてあげることが、ブランドとしては正しいポジションであり、正しいコミュニケーションである。

② 消費者は必要と感じたものだけを無意識にキャッチアップしており、実際は視界に入っているが、当たり前のように"見て見ぬふりをする"ことが人間のため、無関心の状態で大量情報を無視している。無意識にキャッチアップした情報でも、関心を持ったか、興味を持ったかによって消費者の行動や、ブランドへの意識が変わるため、ブランドは、消費者に"自分ごと化"してもらうためのメッセージを発信する必要がある。

③ ECサイトでの購入経験が多ければ多いほど、後悔した買い物が増えるため、消費者はより信頼性のある情報を求め、より信頼できる商品しか購入しないという状況が生まれる。消費者が信頼性があると判断できる4要素は（1）販売実績、（2）第三者の評価、（3）権威、（4）情報の鮮度であり、どのような消費者であれ、今最も信頼できそうなブランドから商品を購入したいと思っている。

④ 消費者がブランドに興味をもっている状態で考えるべきことは、消費者との関係を構築できそうなメッセージが何なのかということ。広告をクリックしてくれた消費者には次のページでどのような接客をすべきなのか。

広告をクリックすることはなかったけれども、広告のメッセージをしっかりと読んでくれる消費者には何を伝えるべきなのか。広告などのブランドが発信するメッセージの良し悪しで、消費者は自分ごと化することができ、ブランドを思い出してくれる可能性が広がるため、広告は、買わせることだけでなく覚えてもらうことが重要である。

⑤ 売上拡大のための広告戦略を作るのはあくまでもブランド側あり、広告代理店はブランド側が伝えたいコミュニケーションを消費者に届けることが役割であるため、広告の費用対効果が悪い場合でも、広告の運用面の視点だけでなく、消費者目線で自分ごと化できない理由を列挙し、問題点に優先順位を付けて、解決していくことが非常に重要。ブランドが言いたいことではなく、マーケティングは、主人公である消費者に向かって、興味を持ってもらう設計にしなければいけない。

第4章

ブランドスイッチに
欠かせない
購入意思を最大化する方法

1 | 購入意思を高める要素とは？

　長年にわたり、EC業界の最前線で消費者心理を研究してきた私が確実にいえることは、消費者に与える情報を工夫することで、確実に消費者の購入意思を高めることができる点です。同じような文言でコミュニケーションをしていたとしても、前後の文脈、デザイン、色、フォントの種類、フォントの大きさなどで、消費者側の購入意思が上がるのか下がるのかが決まることが多くあります。

　消費者に事前に見せておく情報の内容も、購入意思に影響を与えます。わかりやすい例では、ある地域で大きな地震などの災害が発生した場合、当日〜約1週間は防災グッズが非常に売れます。また、東京の最低気温が10度を下回ると、毛布などの冬物が売れる傾向が強くなります。このように、消費者は外部からの影響によって購買行動が変わります。むしろ、毎日のようになにか新しい商品はないかと探しつづけている消費者は一般的には少数派であり、ほとんどの消費者は、外部からの影響で自らの購買行動が変わるのが一般的です。

　そして、消費者は生まれながら持つ信念の中で、自分が「合理的な人間でありたい」と思っています。どのような非計画購買（いわゆる衝動買い）でも、あたかも「前から欲しいと思っていた」という考えのもとに、自分が行った購買行動が決して衝動買いではなく、計画的に購入していて正しい購入だったと正当化しようとするのです。行動経済学でも一般的に知られるようになっていますが、人間は必ずしも合理的ではないですし、感情に左右された行動を取ってしまうときがあります。

計画購買と衝動購買の相違とは？

　この"感情に左右される"行動を、衝動と呼びます。本来合理的な考えの持ち主であれば、新しい商品を買わなくても日常生活をあたり前の様に

送ることができるわけであり、そのために必要最低限のものしか買わないはずです。それでも、消費者は常に新しい商品を探し求め、より自分が満足のいく生活や体験をしたいと願っているのです。それでも消費者は、できるだけ衝動買いを避けているように感じると同時に、衝動買いはあまりよくないことのように感じている人が多いのではないでしょうか？　私が実際にやっている社内の勉強会では、以下のような問いを参加者に投げかけます。

『ECサイトにおける、"計画購買" と "衝動購買" はなにが違うのか？』

　ほぼ全員が、"計画購買" は事前に買うものを決めて購入をしっかりと検討している買い物で、"衝動購買" は、自分の欲望や感情に委ねてその場で即決する買い物と回答します。この内容からも "しっかり検討したもの" は合理的だと判断しているということがわかります。しかし本当にそうでしょうか？　私は以下のような見解で計画購買と衝動買いの違いについてまとめています。

『すべての買い物は、"衝動買い" であり、"計画購買" は合理的だと思いたい人間の思い込みである』

　なぜなら、どのような "計画購買" であっても、生死にかかわるような極めて重要な商品の購入は、日常ではほとんど発生しません。つまり、日々の買い物の大半は、生死にかかわらないような不必要なものであるにもかかわらず、生活に必要なものだからという合理的な考えを理由に、"計画的な購買" だと認識したいだけに過ぎないからです。

　さらに計画購買は、ある時点では欲しいと思っていない状態から、時間の経過によってどこかのタイミングで欲しいという感情が生まれている点も重要なポイントです。欲しい感情が発生した後に、自分の衝動（その場で

の購入）を抑えて購入検討期間を十分に設け、しっかりと検討した買い物であると自分に言い聞かせることで、合理的な買い物をしたと思い込みたいのが一般的な人間の心理でしょう。人間はこの行動を「計画購買」といいたいのです。

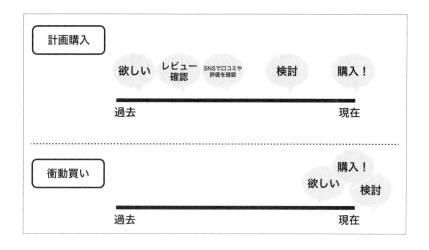

衝動購買と計画購買は、どちらも広い意味では同じ購買行動であり、その違いは、衝動買いは欲しいと思ってから購入までの時間軸が短いだけであり、計画購買はその時間が長いだけです。なぜこのような話をするかといえば、消費者の購買行動の多くは感情に左右されるものだからです。

消費者が高ぶる感情を抑え理性的になって「購入はちょっとやめておこうかな」と購入を先延ばしにするケースが多くあります。単に購入を延期しただけの可能性も考えられますが、ほとんどの場合、購入を先延ばしした消費者は、同時に他のブランドも検討しています。競合ブランドのほうが優位性がありそうであれば、検討したブランドとは異なるブランドを購入する可能性が高くなります。

だからこそ、ブランドは消費者の感情がどのようなメッセージで動いて、どのような内容であれば、理性よりも感情を強く動かせるかを考えなければいけません。計画購買なのか衝動買いなのかということは、マーケティングにおいては本当はどうでも良いことです。それこそ、消費者の経験や能

力によって購入までの時間軸は様々であり、ブランド側で消費者をコントロールすることはできません。ブランド側が自身の力でコントロールできるものは、"消費者が何を感じたら感情が動くか"を設計することです。消費者が特定のブランドを買う感情的な理由や、合理的な理由がわかれば、ブランドが選ばれる手がかりを掴んだことと同じになるのです。

ECで使える心理テクニック

　消費者心理を研究していく上で『影響力の武器』（ロバート・B・チャルディーニ 著、誠信書房 出版）という書籍が参考になります。感情を動かすという観点で体系立てて情報がまとめられており、EC領域にも活用できると思っています。巷には、ECで使える心理テクニックが様々な言い方で広まっていますが、この『影響力の武器』に記載されている次の6つの法則にマーケティングのすべての情報が集約されています。

①返報性の原理
②コミットメントと一貫性
③社会的証明
④権威
⑤希少性
⑥好意

　これらの法則の中で、人はどのように説得され、なぜ望まれた行動をとってしまうのかについて、心理学的側面から分析・解説されています。そして、この『影響の武器』の6つの法則は、この本を読んでいるあなたも知っている内容がほとんどかもしれません。

　ただし、消費者理解やマーケティングの本質を理解する上では、"知っている"という思い込み自体が大きな落とし穴だと私は考えています。知っている情報でも、ECサイトやSNSで展開されているブランドから消費者側に発信される情報を一つとっても、6つの法則のいずれかを活用しているコミュニケーションは非常に少ないと感じています。さらに、どのようなECの最前線の現場においても、心理学や行動経済学を駆使したECサ

イトは非常に少ないのが現状だと思います。

　繰り返しになりますが、ブランドが実践しなければいけないことは非常にシンプルであり、「ターゲットである消費者に、興味をもってもらい、信頼してもらうこと」です。どのようなブランドも競合との椅子取りゲームであることはみなさんも肌で感じていることだと思いますが、消費者に信頼されるようにすべてのタッチポイントで立ち振る舞えるかが、選ばれるブランドになれるかどうかの分かれ道なのです。

　競合ブランドよりも、消費者の感情を動かすメッセージを発信しなければ、ブランドの発展の可能性は非常に低く、消費者の感情を動かす総数が多いブランドが必ず勝ちます。そして『影響力の武器』になぞって解説した6つの法則を競合ブランドよりも多く、そして高い品質で活用してみてください。消費者の感情は、小手先のテクニックではほとんど動きません。消費者の感情が動く理由の本質を理解し、実践することができれば、必ず今よりも多くの消費者に支持されるブランドになることができます。

2 │ 返報性の原理
（自分にとって有益な情報かどうか）

『影響力の武器』の1つ目の法則が返報性の原理です。返報性の原理は、消費者が最も影響を受けやすく、最もブランド側が利用しやすい原理です。返報性の原理とは、人からなにかをもらったときや、してもらったことに対して、「お返しをしたくなる」心理作用のことを指します。

マーケティングで活用されている代表例でいえば、お試しサンプルや、購入特典なども、この返報性の原理を活用しているといえます。これは、人類が集団生活の中で"他人に協力してもらうことで、生き延びてきた"という歴史が大きく関係していて、人が本能的に持っている普遍的な心理現象といえます。さらに、まともな人間であればあるほど"恩義を受けたら何かお返しをしなければいけない"と、多かれ少なかれ思ってしまうものです。『影響力の武器』でも、このような内容が掲載されています。

> 望んでいるものかどうかは関係なく、相手からなにかをしてもらったなどの"借り"があれば、要求が通りやすい

日々の生活の中でも、ちょっとしたお礼や、ちょっとした労いがあるかどうかで、相手への印象が大きく変わります。さらに興味深いことは、どれだけ嫌な上司や知人でも、ジュースやお菓子などの差し入れや、ちょっとしたプレゼントを受け取ってしまえば、望んでいるかどうか関係なく、今度お返しをしてあげようと思ってしまうのです。あなたもきっと、上司からの差し入れがあったときには、「ちょっと優しくされたから、今度仕事を依頼されたら快く受けようかな」などと、多かれ少なかれ考えるのではないでしょうか。

これをECサイトで応用するとどうでしょうか。真っ先に思いつくのは、

購入特典や、次回使えるクーポンなどは返報性の原理にのっとった一般的な活用事例でしょう。

　おそらくこのように、だれもが思いつく「返報性の原理」は、消費者側も慣れていることもあり、消費者の反応は弱い傾向にあります。また、誰しもが思いつく内容であるがために、競合ブランドでも同じように活用されていることが多く、その結果消費者の反応が弱まっていることも考えられます。

　そして、返報性の原理をマーケティングに活用しようとするときに、ほとんどのマーケターが陥る最大の思い込みは、返報性は「購入後に焦点」を当てているという点です。返報性という言葉もあり、なにか"恩義を作る"という解釈が、購入してくれた消費者に対し恩義を作るという解釈に、勝手に変換されているのだと思います。

　本書でも繰り返しお伝えしていますが、ブランドがしなければいけないことは、まずは興味を持ってもらうことであり、購入は興味の先にあるものです。さらに、一般的な返報性の原理の解釈では、購入後のリピート率を高めるという意味合いで活用されていることが多く、興味や購入意思を高めるという意味合いで返報性の原理を活用している事例が非常に少ないといえます。

　この点が"返報性の原理の意味は知っているし理解もしているけれども活用できていない"典型的なパターンです。前述の通り、返報性の原理は人間の行動に大きく影響力を与える要素です。どのように応用できるかを考えながら、決して"そんなこと知っている"と思い込まずに読んでいただければ幸いです。一つでも多く応用できれば、ターゲットである消費者の感情を、きっと動かすことができるでしょう。

返報性の原理を活用して消費者に興味を持たせる

　それでは、返報性の原理を活用して、どのように興味を持たせるのかを解説していきます。返報性の原理は4種類に分けられるため、順を追って

説明します。私の感覚では、この4種類の中で一つでも体現しているブランドは極稀であり、多くのブランドが消費者に対して、返報性の原理を考慮したメッセージを発信できていないと思っています。

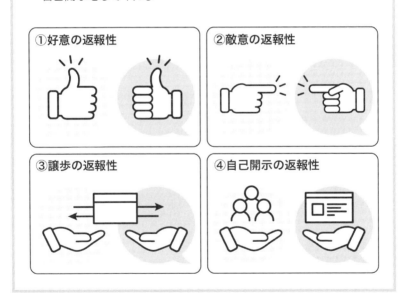

簡単にいうと「返報性」は相手が好きでいてくれたら、こちらも好意が増したり、相手が笑顔であればこちらも笑顔になることです。自分が喜ぶ気持ち・モノ・情報・態度などを与えれば、その分相手が何かを返してくれるという法則です。「敵意の返報性」はその真逆です。譲歩の返報性も、自己開示の返報性も、自分が先に譲歩や自己開示をすれば相手も少なか

らず同じことをしてくれるということです。それではこの４つの種類の返報性を用いて、ブランド側が消費者に対して何を伝えるべきなのかをお伝えします。

①好意の返報性

　好意の返報性を理解できる人は多いと思いますが、ECサイトで活用できているブランドはほとんどありません。人間は相手が好意を示してくれれば心理的な距離が多少なりとも縮まる生き物です。あまり好きではない同僚や、知人から言われる「明らかなお世辞」であっても、お世辞を熱心に言われると嫌な気持ちにはならないでしょう。また人間は誰しも承認欲求を持っているため、褒められると嫌な気持ちになることはほとんどありません。

　ではなぜ、ここまで明確に "嬉しい" と思う内容であるにも関わらず、ECサイトでは消費者が喜ぶ表現を行わないのでしょうか。訪問してくれた消費者に対して「訪問ありがとうございます！　数多いブランドから私たちのブランドに興味を持ってくれて本当にありがとうございます」という表現をしているサイトをほとんど見かけません。実店舗ではそのような接客が当たり前で、そのような接客の有無で店舗の印象が大きく変わることを肌で理解しているのにも関わらず、ECサイトでは実現できないのでしょうか。

　「褒める」という表現もECサイトでは実現できるはずです。「私たちのブランドは品質にこだわるだけでなく、世界の紛争や健康で苦しんでいる人々を救う活動も行っています。数多くのブランドから私たちのブランドを見つけていただき、この文章を読んでくれているあなたは本当に心優しい人だと心から思っています。一人でも多くの方に私たちのブランドと、私たちの想いを届けたいと思います。」のようなメッセージで、嫌な気持ちになる消費者は少ないはずです。

　文章なんて読まれないと思いこんでいるのであれば、それは確実に間違いだと断言できます。メッセージを読ませるには、読ませるための接客が必要です。店頭での接客でも同じことがいえます。お客様との距離を少し

ずつ縮めることができれば、返報性の原理が好転しているということであり、消費者はより好意を示してくれます。

　大事なことは、ブランド側から"好意"を伝えなければ、消費者は好意を返してくれる可能性が低くなるということです。接客の方法次第で好意の受け取られ方は全く違うものになるため、消費者にどういう気持ちになってもらいたいのかを、店頭の接客を同じように考えていただきたいです。

②敵意の返報性

　好意の返報性と真逆の効果を生むのが、敵意の返報性です。消費者に敵意を向けているブランドはほとんどないと思いますが、この認識も改めたほうが良いかもしれません。消費者は、実生活で良い接客と悪い接客を区別することを日常から繰り返しています。例えば、居酒屋の店員の接客が良ければ、きっと満足度も高く追加で料理を頼むかもしれません。一方店員の接客が悪ければ、料理は美味しかったとしても満足度は著しく低下し、再購入する可能性も低くなります。誰しもこのような経験はあると思います。

　ではECサイトではどうでしょうか？　文字だらけのわかりにくい商品ページや、表示速度が遅いサイト、商品は良さそうなのに文章を読んで購買意欲が上がらないサイトなど、このようなECサイトに対して、消費者が良い接客だと感じてくれるのでしょうか？

　消費者目線でいえば、見た目や使い勝手も悪いECサイト、欲しい情報がないECサイトは、良い接客だと誰も思ってくれないのが現実です。それでも、商品自体の品質や割引で購入に至る消費者もいるかもしれません。しかし前述の悪い接客の居酒屋の例にならえば、満足度がどんどん低くなると、購入をやめる可能性が高まります。

　接客が悪ければ、敵意とまではいかないまでも"時間をムダにした"などのようなマイナスの印象を消費者が覚えることは確かです。一度マイナスの印象を与えてしまえば、それを覆すには大変エネルギーが必要になりま

す。これが、なかなか気づくことができない、ECサイトならではの「敵意の返報性」です。

③ 譲歩の返報性

　譲歩の返報性は、最初に提示した条件よりも、譲歩する姿勢を見せることで、消費者側も譲歩（商品の購入など）してくれることを指します。ECサイトで活用されている例としては、「今なら送料は当店が負担します」という表現や「3問のアンケートを答えたら80%OFF」という表現などがあります。最初に提示した金額よりも、ブランド側の負担を大きく見せることで、より消費者に譲歩してもらいやすくなるというわけです。

　大事なポイントは「ブランド側が本当はここまでしか値引きできないけど、なにかの条件を飲んでくれたら、もっと値引きができる」という、譲歩している状況を作り出すことが大事といえます。例えば「今なら送料は当店が負担します」という表現ではなく、単純に「送料無料」としているだけでは、譲歩しているのかどうかが消費者には伝わらないのです。

　それでも、送料無料の記載だけをしているECサイトがほとんどです。本来であれば、送料無料にするためには、ブランド側が負担する費用がどれだけ大きな経費になるのかを、消費者に教えて上げたほうが良いのです。送料無料が当たり前と消費者が思っているからこそ、ここで丁寧な接客をしてあげたら、送料無料がいかに親切なサービスであるかということが、消費者に伝わるのです。例えば、以下のような案内を入れるのはどうでしょうか。

配送についての大切なお知らせ
当店では、大切なお客様に商品の良さやブランドの想いが伝わるように、一つ一つ丁寧に梱包させていただき、真心込めて配送をさせていただいています。近年、燃料費等の高騰・原材料費の高騰もあり、配送料も大きく高騰しているため、常時の送料無料が実施できない状況ですが、一人でも多くのお客様にご利用いただき、商品の

良さを実感していただくために、今回1週間限りで、送料無料キャンペーンを実施しています。この機会に、ぜひご利用ください。

　いかがでしょう？　ブランド側による自身の商品に対する想いが強いことがメッセージとして受け取れるのではないでしょうか。接客の一部分をとっても、できることはたくさんあるのです。

　これは送料無料についての例ですが、消費者は様々なブランドのマーケティングにより、値引きされていることが当たり前の感覚になっていて、単純な値引きに反応することがなくなってきているのも事実といえます。このような消費者の経験から、なにかの条件があるほうが、お得になる理由を理解できるため、非常に効果的なマーケティングが実現できます。

　その最たるものが、「3つのアンケートに答えるだけで、今なら90％OFFで購入できる」のような手法です。単純な割引では「常に割引を行っているかもしれない」などと思う消費者も多い中、なにかしらの条件があることで、消費者は割引の妥当性を理解できるのです。ブランド側が苦労して譲歩しているということを、いやらしくなく、わざとらしくなく伝えることができれば、消費者も譲歩してくれる可能性がずっと上がります。

　そして忘れてはいけないのが、消費者の譲歩はなにも購入だけではありません。お気に入り登録や、メルマガ登録なども譲歩の一部になりますし、人によっては、ブランド名を覚えておくことも譲歩した結果の行動になることもあるのです。

④ 自己開示の返報性

　自己開示の返報性は、自己開示をしてくれた相手には、自分も同じようなことを開示したいと思う心理作用のことです。対人のコミュニケーションであれば、相手に自己紹介されたときに、出身地や趣味の内容が含まれていたら、自分も同じ内容で自己紹介をしてしまった経験が誰にでもあると思います。それが自己開示の返報性です。ECサイトで自己開示の返報性を

実施するときには、その自己開示が「自己提示」になってしまわないように気をつけることが重要です。

　ただ単にブランドの紹介をしながら、こだわりの部分や品質だけを紹介してしまっても、自分を良く見せることを目的とした"自分語り"になってしまう可能性が高く、これを「自己提示」と呼びます。自己提示が悪いわけではなく、自己提示では、お客様である消費者がどう感じ取るかを考える必要があります。消費者が好感を持ってくれるのであればその自己提示は良い内容といえますが、ほとんどの消費者はブランドが発信する自己提示で、好印象を持つことはまず少ないと思います。

　私は職業柄、様々なブランドのマネージャーや担当者と会話する機会が多いのですが、ブランドサイトに載っているブランド紹介よりも、ブランド担当者が口頭で説明したブランド紹介のほうがはるかに好印象につながることが多いです。それだけ、伝えるメッセージには熱量も必要ですし、まずは興味をしっかり持ってもらうことができなければ、どのようなメッセージも伝わらないものになってしまいます。

　自己開示の返報性をECで活用する場合、目的は消費者とブランドの距離がどれだけ縮まるのかということです。対人関係でもそうですが、自己紹介のときに、自分との共通点があればあるほど、初対面の方との距離が縮まります。ECサイトでも同じことがいえるのです。ブランド側が「私たちはあなたのような人に商品を使ってもらいたいと想い、商品開発をしています」のようにメッセージを発信していれば、たまたまサイトに訪れた消費者も、自分ごと化がしやすくなるのです。

　より重要なことは、ターゲットである消費者側が「これは自分にぴったりな商品かも」と思えるように、ターゲットをより絞り込むことが重要な点です。消費者は、共通点があればあるほど親近感は増しますが、だれしもが当てはまるような共通点を、消費者は共通点とみなしてくれません。例えば、「同じ日本にいるあなたに……」と言われても共通点と感じないのと同じことです。

ECサイトで「美味しいおせちを探している人に買ってもらいたい」とメッセージを発信してもあまり響きませんが、「今年はいつもと違った豪華なおせちを探している方にぜひ買ってもらいたい」というメッセージであれば、よりターゲットがクリアになり、興味を持ってくれる可能性がぐっと上がるのです。

　そして、共通点をさらに見つけてもらうために、ブランドの紹介や産地、ブランドの想いなどを伝えていくことで、自己開示の返報性の結果、商品の購入意欲をあげることができるのです。どのような接客も、コミュニケーションには順序が重要です。お客様との共通点を見つけ出し、自己開示をすることができれば、必ず初対面の消費者でも、好感度を上げてくれるのです。

3 | コミットメントと一貫性（良いと思った理由を言語化する人間の習性）

　人間は自分が一度でも肯定や決定をしたことについて、無意識に一貫性を保とうとします。ついた嘘が相手にバレていることがわかった時、直ぐに謝ったほうが良いと思っているのに、嘘を突き通した経験がある方もいるでしょう。

　また、熟慮して下した判断が後日予期せぬ結果を招いた際、その原因を判断ミスではなく違う理由だと考えて探し回るといったこともあるのではないでしょうか。人間は、自分の言葉、信念、考え方、行為を一貫したい欲求があり、同時に他者からも自分が一貫性のある人間だと思われたい欲求があるためにこのようなことが起こります。

　一貫性の法則は、日々の生活を円滑にストレスなく生きるためにも重要な役割を担っていると言われています。一貫性がある行動をしていれば、一度判断した意思決定にいちいち悩まずに済むため、よりストレスなく生活することが可能になります。

　「こういうときはこうする」と無意識のうちに自分の行動をパターン化して一貫性を持たせることで、煩雑な選択を迫られる機会やストレスを極力減らしてくれる役割も担ってくれているのです。さらに過去に経験した体験を参考に、同じ行為をしたらどうなるのかを想像し意思決定を行うときにも、この一貫性の法則が用いられます。

　人間はこの一貫性の法則をもとに、毎日の行動や意思決定を繰り返しています。よってこの一貫性の法則を上手にマーケティングに活用することができれば、消費者による自社ブランドの購入意思や好意度といったものを高めることができるのです。よく『YESをとることが大事』と言われていることは非常に重要な要素であり、一度でも人は自分の意見を肯定すると、自分の行動に一貫性を持たせるように自分をコントロールしだします。

このような消費者の心理を理解しながら、ECサイト上での接客や、マーケティングを実践できれば、より多くの消費者が大切なお客様になってくれる可能性が上がるといえます。本節では、消費者の目線から、一貫性の法則をどう活用すれば、消費者の興味・購入意思を上げられるかを解説していきます。一貫性の法則も、当たり前の内容であるにもかかわらず、マーケティングに活用しているブランドが少ないです。一つでも多くのアイデアがでるように、さまざまな切り口でまとめています。

消費者は最初に思ったことに縛られる

　「なんか良さそう」と思って、深夜番組のテレビショッピングに見入ってしまったことは、誰しもがあると思います。みなさんも、こんな経験をしたことがあるのではないでしょうか？

　まったく興味がなかったものなのに、通販番組のナレーションで「ラクして腹筋がバキバキになれる」「テレビを見ながら、あの辛い腹筋が手軽に続けられる」「この夏は理想の腹筋を手に入れられる！」などの情報が流れてきました。腹筋器具が欲しいわけではないですが、「これなら自分もできそうだし、腹筋がバキバキになって自分に自信を持てるかも！　しかもお手頃な値段だ」と、つい思ってしまった。

　さて、このよくあるストーリーの中で、この商品についての情報で、何度肯定的な「YES」を感じ取っているのでしょうか？　答えは、4回です。人によってはそれ以上の場合もあります。

1回目「なんか良さそう」と思ったタイミング
2回目「これなら自分もできそう」と思ったタイミング
3回目「腹筋がバキバキになり自分に自信が持てるかも」と思ったタイミング
4回目「お手頃な値段」と思ったタイミング

　人によっては、バキバキの腹筋を見て、「自分もこうなりたい」と思ったなど5回目の肯定のタイミングがあるかもしれません。

ECサイトでも同じように、最初になにか小さな「YES」すなわち「なんか良さそう」などのような肯定を消費者に想起させることが非常に重要だといえます。逆に、最初に小さな「YES」さえも消費者に想起してもらうことができなければ、消費者は「これは自分に関係のない商品」だと認識してしまい、サイトから離脱する可能性が非常に高まります。消費者は過去の経験から「この程度の情報であればきっと自分が満足できる商品ではない」と判断し、瞬時に離脱する可能性が高まります。

　ECサイトでは、良くも悪くもわかりやすく結果が数字として可視化されます。お金をかけて集客したとしても、ページの良し悪しでCVRが何倍も違うことがあり得るため、最初のページ（ランディングページ）のコミュニケーションが非常に重要です。このファーストビューで「なんか良さそう」といった肯定感を消費者が持つことができれば、その後のページのコンテンツに対して、肯定感をある程度持ち続けてくれるため、ページの下部まで閲覧される可能性が高くなるのです。

　逆に、ファーストビューで「なんか良さそう」という肯定感が生まれない場合、一気にファーストビューでの離脱率が高まります。当然ファーストビューの離脱率が高い場合は、購入意思も減少します。つまりファーストビューで「良さそう」という肯定感を強めることができなかったために、消費者の肯定回数が減少し、離脱を加速させているといえるのです。最初の「YES」を勝ち取ることが、最終的な購入に多大な影響を与えることを、マーケッターを始めすべてのブランドが理解すべきだと思います。

　そして、ターゲットとなる消費者が、どのような内容であれば「YES」と思ってくれるのか、とことんこだわる必要があると思います。今は接客ツールやMAツール（マーケティングオートメーションツール）などが多く存在していますが、そのようなツールはあくまでも情報の補完であり、消費者の「肯定」をサポートするツールです。もっと大事なことは、広告や、ページの最初のコミュニケーションで、「YES」が取れる設計を考えなければいけません。

　ECサイトのファーストビューのみを変更し、購入率が大きく改善した事

例が次の表になります。ファーストビューでの離脱率を改善することができれば、その時点でお客様は興味を持ってくれる割合が伸びたといえるでしょう。その結果、お気に入り登録率や購入率が大きく変わります。それだけ、ECサイトでの最初の接客にこだわれるかどうかで、ブランドが選ばれるかどうかが決まると言っても過言ではありません。

項目	Before	After
ファーストビューでの離脱率	92.4%	88.8%
興味フェーズへの遷移率	16.0%	20.8%
お気に入り登録率	5.3%	6.5%
購入率	4.1%	5.3%

ファーストビュー：最初に表示されたWeb上の画面
離脱率：サイトから離脱した人÷サイトに訪問したユーザーの総数
興味フェーズへの遷移：サイト訪問後、複数ページの閲覧などの「興味をもつ」という態度変容
購入率：購入したユーザー数÷サイトに訪問したユーザーの総数

ネガティブな要素の排除

　テレビショッピングは、いかに魅力的に見せるかにこだわり、商品の特徴・利用者の声、価格、購入特典などで畳み掛ける演出が繰り広げられます。そして、消費者は衝動買いを抑えつつ「買っちゃおうかな」と思うわけです。

　ですが"欲しい"と思ったにも関わらず、その場で購入しなかった経験は誰しもにあるはずです。そこまで気持ちが動いたにも関わらず、購入をしなかった要因はなにでしょうか？　考えられる要因は大きく分けて次の3つに分類できます。

・初見の商品のために、価格の妥当性がわからず不安や後悔をしたくないという理性のブレーキ
・本当に今決断しても良いのか、という衝動を抑えようとする理性のブレーキ
・電話やネットでの注文が面倒くさいという、理性のブレーキ

　もしかしたら、家族に黙って購入できないことが決断できない理由かもしれませんし、購入した後の設置場所に不安を覚えたケースもあるでしょう。テレビショッピングはモノを売るために番組が構成されているため、内容次第で売れ行きが大きく変わります。少しでもネガティブな印象を与えないために、あらかじめネガティブに思われる箇所を洗い出して、商品を売るプロが構成・脚本・演出までを行い、消費者に情報をどう伝えれば購入してくれる可能性が高くなるのかを緻密に練り上げています。

　ではECサイトではどうでしょうか？　前述のECサイトのファーストビューでも同様ですが、ページのデザイン、フォントの大きさ、テキストの量や読みやすさなど、消費者が感じ取るネガティブな要素をあらかじめ取り除いているサイトはどれだけあるでしょうか？

　ターゲットである消費者が望んでいる情報を適切なタイミングで、適切な情報量で、適切なデザインにこだわっているサイトは非常に少ないと私は感じています。デザイン一つとっても、消費者側が「わかりやすい」と感

じるデザイン、「読みやすい」「見やすい」「探しやすい」などの肯定感を与えることができなければ、消費者は先に進みません。

　そして、消費者は、分かりづらい接客をされた過去の経験から、いくら良い商品だとしても、「自分は満足できなそうだな」と自動的にネガティブな印象で一貫性を保とうとしてしまうのです。ページ上で商品の特徴を伝えていても、わかりやすい文言をチョイスできなければ「よくわからない」などのようなネガティブな印象に変わってしまうのです。

　特に多くの現場で私が気になっているのは、女性をメインターゲットにしたブランドページのデザインを、男性デザイナーに任せている状況です。これについては警鐘を鳴らしたいと思います。ジェンダーに関する偏見を述べたいのではなく、良さそうと思うデザインは確実にジェンダー間で異なります。さらに、ECの現場で働く方の上司が男性である場合、男性よりのデザインやコピーに寄ってしまうケースも非常に多いと思います。

　大事なことは、このデザインや、キャッチコピーが、ターゲットとなる消費者に「肯定」してもらえるものになっているかどうかです。さらに、ECサイトの多くが、情報が足りていないことが多く、消費者が気になるポイントがサイト上に載っていないことがまだまだ多いと感じています。

　その最たるものが、「他社と何が違うのか」「何が優れているのか」というシンプルな問いに対しての回答です。他社比較は企業のポリシー的にできない場合も多いですが、何が優れているのかを明確に打ち出すことは、どのブランドでもできるはずです。

　消費者は一度「良さそう」と肯定した場合は、一貫性にもとづいて他に肯定できる情報がないか探します。そして自分が欲しい情報がなければ「やっぱり普通の商品なのかもしれない」といったネガティブな印象が生まれる可能性が出てきます。

　こうなれば、次に探す情報は購入にブレーキをかけるネガティブな理由になります。ネガティブな要素を少しでも払拭できれば「YES」を取れる可

能性は上昇します。一人でも多くの消費者の購入意思を高めるために、ネガティブな印象になり得るものをあらかじめ取り除いておくことが、マーケティングを実施する上で非常に重要な考え方です。

購入意思が高まれば自分の考えを肯定してくれるものを探す

　この商品が欲しいと強く思って商品レビューを見に行ったら、5点満点中3.8点と、思ったより満足度が低いことを知り、購入を諦めた経験があるのではないでしょうか。一方で、思ったよりレビューの満足度が低い場合でも「この商品が欲しい」という強い感情から、購入を後押ししてくれるような満足度が高いレビューばかりを信じ、購入に踏み切った経験がある方も多いと思います。

　その場合の心情としては、「満足度は低いが、ほとんどの低評価レビューが配送についての内容だから、商品が悪いとは書いていないな」と考え、特定のレビューを選別しようとして「この商品をつかって満足できました」という内容のレビューを無意識に見つけにいくことがあります。仮にそのようなレビューがなかった場合は、SNSなどの違う媒体で検索し、一人でも満足している人がいれば、自分の購入に対する意思決定は肯定され、妥当性があると判断し購入に踏み切ることがあります。

　人によって信念が異なるため、すべての消費者が同じ行動になるとは言い切れませんが、消費者は常に「自分の意思決定を支える柱になるもの」をベースに意思決定をしています。そして商品購入の決断という"コミットメント"をする際に、その決断の合理的な理由を見つけ正当化します。この合理的な理由や正当化の内容が人によって異なるため、すべての消費者に対して、一律的なコミュニケーションを取ることは難しいのですが、ブランドへの肯定感が上がるような情報をあらかじめ用意しておくことは、間違いなく非常に重要なポイントです。

　例えば、お客様にレビューを書いてもらったり、SNSで商品の情報を発信してもらったり、YouTubeで使用者の声を載せたりすることで、購入を検討している消費者にとっては、非常に有効な情報といえます。消費者の

購入意思を高めるためには「自分の考えを肯定してくれる情報」を様々な媒体やタッチポイントに散りばめておくことは極めて重要な施策になります。

　消費者は、自分が知らない商品やブランドを、SNS・動画・検索などですぐに調べて確認するというリテラシーが強くなっています。そのような消費者の確認作業の中で、特定のブランド名で探しているのに情報が全くなければ、「自分の考えを肯定してくれる情報がない」という判断になり、もう少しで購入に至るお客様を自ら逃すような結果になりかねないのです。

購入後も自分の判断が正しかったのかを考えるのが普通

　消費者は、商品を購入する決断に至るまでに何度も肯定を繰り返し、最終的な購入という決断（コミットメント）に合理的な理由を付け加えて、正当化します。購入後もまた消費者は自分の行動が正しかったと信じたいと思うのが一般的です。

　商品を購入した後も「この商品を購入してよかった」と一貫性の法則が必ず働きます。ここで重要なのが、前述した「自分の意思決定を支える柱になるもの」すなわち"信じているもの"をブランド側が情報としてどれだけ消費者に与えることができるかによって、満足度やリピート率、口コミなどが大きく変わるということです。

　購入した自分の意思決定が間違いではなかった証跡の例として、ブランドからの熱い想いが書かれた手紙やメッセージが該当するでしょう。これにより消費者には共感が生まれ、このブランドを選んでよかったと思う可能性が上がります。

　さらに、購入後もさまざまな雑誌やSNSで取り上げられたり、高評価されている状況を作り出すことで、自分の購入の肯定感が飛躍的に伸びることも考えられます。購入後に消費者を安心させるものは「このブランドはどのブランドよりも優れているから安心してね」という情報であり、この情報をブランド側からも、他の消費者からも言われたいと思っているのです。

どのような消費者も、購入直後が最もブランドに関する情報を覚えているタイミングであり、ブランドに対する肯定感が最も高まっています。しかし商品到着後、使用するまでの時間が長ければ長いほど、購入の肯定感は薄れていきます。さらに商品使用後、満足度が高ければ肯定感は若干高まりますが、使用後の印象が他の商品と同等レベルであれば、商品購入の肯定感は薄まっていきます。つまり肯定感という気持ちは、一瞬で崩れ去る場合が多いのです。

　ブランドはこのような肯定感が下がることを理解した上で、消費者が望んでいる情報を提供し、肯定感を高めてもらう努力をしなければいけません。それができなければ、徐々に商品購入の肯定感が薄れていき、違う商品へのブランドスイッチが加速する可能性が上がってしまうのです。

　とはいえ、忘れてはいけないのが、どのような消費者も「自分の行動に一貫性を持ちたい」と想っている点です。自分が選んだ商品だからこそ良いと思いたいし、他の人も良い商品と思っていて欲しい、そのような気持ちで商品を使ってくれているのです。肯定感がなくなってからブランドが消費者に対しなにかアプローチしても、そのタイミングでは遅いのです。

4 | 社会的証明
（他の人も気になっているのかどうか）

　社会的証明とは、何らかの意思決定の際に、他者の行動を参考にしたり真似したりするなどの人間心理を指しており、同調の一種です。人間は周囲の人間と全く違う意見や考え方であると、不安に思ってしまう気持ちがあり、少なからず周囲の人たちの反応を参考にしながら意思決定を繰り返しています。

　行列ができているものは人気であるとすぐに認識したり、売り切れが発生している商品は、きっと人気があるのだろうと瞬時に判断します。このように社会的証明は、繰り返される情報処理を簡略化するために、人間に備わった必要なスキルです。

　人間はこの社会的証明のような思考が当たり前になっているため、気づかないうちに、行列の長さ、口コミの多さ、フォロワー数の多さで人気を判断するようになっています。そんなもので騙されないと思っていても、目の前で行列や売り切れが発生していると、条件反射的に人気があると認識します。この心理に人間は抗うことができません。

　ところで、ECサイトでは社会的証明のテクニックがいたるところで利用されています。「ランキング1位獲得」や「累計販売100,000個突破」「満足度98％」など、社会的証明になり得る心理テクニックを多くのECサイトが活用しています。それだけ一般的な心理テクニックです。ただし消費者も一般的な心理テクニックくらいの知識は持ち合わせており、このブランドが本当に人気なのかをしっかりと見極めるようになっていることも事実です。

　消費者がECサイトでモノを購入する経験をすればするほど、必然的に商品選定・ブランド選定の基準が高くなるため、どのサイトでもやっているような社会的証明のテクニックで、心が揺らぐことがほぼなくなっているといっても過言ではありません。本節では、消費者が、どのような表現であ

れば、社会的証明を信じることができるのか、ブランド側がどのようなメッセージにすれば、消費者が信じてくれるのかについて解説していきます。

みんなが選んでいるものなら間違いがない

　社会的証明で最も活用されているものが「ランキング1位獲得」のような実績をアピールする内容です。消費者はどのような買い物であれ、失敗したくないという気持ちがあります。そこで、消費者はランキング情報やレビュー件数が多くレビュー評価が高いものから選ぶという行動をとります。この行動様式の定着化によって、あれこれとブランドを比較する手間を省き、みんなが一番買っているものを自分も買えばほぼ間違いがないと考え、結果的に商品購入にかける時間がどんどん短くなってきているようにも思えます。

　面白いことに、人気ランキング1位を獲得し続けている商品は、新規顧客を増やすだけでなく、既存顧客の売上にも大きな影響を及ぼします。それだけ現時点で売れているかどうかが、消費者の意思決定を左右しているといえます。

　次のグラフは私のクライアントの実績データなのですが、2022年9月に、過去最高のランキング流入［ランキング情報を見た消費者によるアクセス］があったタイミングで、既存件数が過去最高になっています。さらに、ランキング流入と既存顧客数は比例していることもわかります。これが、消費者が抗うことができない、一番売れているものを買いたいというデータ上の証明です。

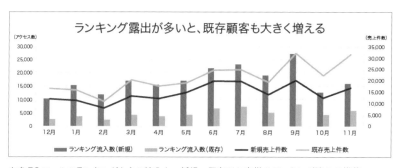

有名ECモールのランキングからの流入と、新規・既存のお客様のランキング流入の推移
※ランキング流入が過去最高のタイミングで、既存のお客様のランキング流入も、顧客獲得数も最大化になる

ただし誤解がないよう注意していただきたいことがあります。それは一番売れている商品が選ばれる傾向があるということではなく、売れていることが伝われば、より多くの消費者に人気があると認識してもらえる可能性が高いということです。実はどのECプラットフォームでも人気ランキングは常に変動しています。消費者は一番売れている商品を購入しているのであれば、理論上ランキングは変動しません。にもかかわらずランキングが変動しているということは、消費者はランキング以外の情報もチェックしているということです。

　要するに消費者は、ある程度は"他の人に選ばれているものが良い"と思っている一方で、"自分にぴったりな商品だと自分が納得できるもの"を探しているのです。だからこそ、どのブランドにも平等に新規のお客様を獲得できるチャンスがあるといえます。初めてECサイトに訪れた消費者に、何を見せるかで、全く印象が変わることは本書を通してお伝えしてきましたが、納得感がない社会的証明を持ち出されても、消費者に"売れている"という認識を与えることはまず不可能です。

　消費者はとてもシビアです。いくらECサイトに累計販売個数10万個突破や、ランキング1位と書いてあっても、納得感がなければほとんど効果を発揮しないことを、もっと真剣にブランドは理解しなければいけないと思います。特に多くのブランドのECサイトでは、売れている感を演出する必要があるのにも関わらず、とても消極的な表現になっていることが多々あると感じています。

　本当にその表現で消費者に"売れている"ことを気づかせられるでしょうか？　競合ブランドと比較されたときに"売れているかどうか"の訴求が負けていないでしょうか？　大事なことはあくまでも消費者側が何を感じ取るかどうかです。

間違っている社会的証明の使い方

　私はECサイトを評価する際に、社会的証明がどれだけ活用されているのかを常に確認することにしています。私自身が消費者目線に立って、当

該ブランドが多くの消費者に選ばれていることを、具体的にどのように表現しているか、チェックしています。

　私は社会的証明の使い方の悪例として「スキンケアジャンル 売上 NO.1」などのアイコンや表現方法を挙げます。ブランド側が言いたいことは伝わりますが、消費者目線でいえば、ありふれた NO.1 訴求は驚くほど効果がありません。「NO.1」訴求画像の文字の大きさによっても効果は違いますし、その「NO.1」訴求画像の付近に、満足度のような、違う角度の社会的証明の有無でも、消費者が受け取る印象は全く異なります。リアルな生活で想像してもらえたほうがわかりやすいと思うので、次の例え話を読んで、イメージしてください。

　　あなたは最近新しくオープンしたスイーツ店を発見します。そのお店はいつも人気で、常に行列ができています。あなたは恋人の誕生日を祝うため、その人気のスイーツ店に行きました。運良く、その日の行列は3人くらいしか並んでいませんでした。スイーツを買えたのが、行列に並びはじめて15分後でした。あなたは、自分の後ろに、何人の行列ができていれば、やっぱりこのお店は人気店だなあと再確認し、満足度高く、誕生日用のスイーツを持ち帰り、恋人とその話で盛りあがるでしょうか？

　どうでしょうか？　この例え話のポイントは、『自分より後ろに並んでいる人が何人いれば、より人気店だな』と認識できるのか、という内容です。おそらく、ほとんどの方が5人とか10人、またはそれ以上と答えたのではないでしょうか？　例題では、自分の前には3人の人が並んでいるので、最低でも3人くらいの人が並んでいたほうが、自分が選んだスイーツ店が人気店だなと肯定できるはずです。5人、10人、20人と多ければ多いほど、自分の肯定感があがることはみなさんも容易に想像できるでしょう。

　では逆に、自分の後ろにだれも並んでいない場合は、自分のスイーツ店の選択に対して肯定感をどれだけ持てるでしょうか？

行列に並んでいる15分間に「もう人気じゃなくなったのかな？」「他にもっと人気なお店あったんじゃないかな？」などと、あれだけ繁盛店であることを理解しているにも関わらず、自分の選択に少なからず不安を覚えたり、肯定感を持ちづらくなるのではないでしょうか？　さらに、スイーツを買ってお店を出たときに、誰一人並んでいなかったら、おそらく満足度が高い状態で家路につくことは非常に難しいといえると思います。

　私がECサイトで売れている感を演出する際には、上記のようなことを考えて新規のお客様が買いやすい状況を作り、また既存のリピート顧客のお客様にもより高い肯定感を持てるように、ECサイトを設計します。しかしECサイトで行列をつくることはできません。よってECサイトはその代わりに消費者の肯定感を高めることにこだわりを持ってメッセージを伝えていかなければいけません。

　それでも、さきほどのスイーツ店の例と同じで、消費者は「他の人が買っているかどうか」のイメージが鮮明になればなるほど肯定感が高まり、納得して購入します。そして購入後も、多くの消費者が購入していることが想像できれば、さらにその肯定感は確かなものになります。

　もうお分かりいただけたでしょうか？　購入している人が大勢であればあるほど、消費者は安心してその商品を購入できるのです。今、現状のECサイトに設置してある「○○ジャンル売上NO.1」のような訴求がある場合、大勢の人が自分の後ろに、行列を作って、レジに並んでいる様子が想像できますか？　「累計販売個数10万個」の文言だけで、自分の目の前で、商品を購入しようとしている人が多くいることを想像できるでしょうか？　大事なことは、消費者がその情報を信じられるかどうかです。

　それは行列と同じです。1年前に行列ができていたと言われても、今行列ができていないのであれば、"売れている"という認識にはなりません。消費者が意思決定をするときに大事なことは、自分が納得できるかどうかだけです。どのようなNO.1訴求を見たとしても、消費者が納得できなければ、その訴求は全く機能していないといえるのです。

サクラだとわかっていても、
「納得感があればそれで良い」というのが消費者の本音

　それでは、社会的証明ではどのようなことを訴求すれば効果的なのかを説明していきます。前述のように、消費者は納得感があるかどうかを重視します。しかし消費者はすべての情報を信じるような、そのような素直な気持ちを持っているわけではありません。常に、自分だけは騙されないようにしようと理性的であり、この情報が本当に信じられるものなのかを見極めようとしています。

　それでも、この社会的証明を効果的に使用することで、より多くの消費者に、"売れている感"を伝えることが可能だということは、ECの現場での実践経験を積んできた私は断言できます。消費者は、うそっぽい表現は確実に見破りますし、事実と異なる表現をしていれば、後にブランドに不利な情報が出回ったりするなど、デメリットのほうが大きいです。何よりも重要なのは、消費者が納得感を得られることです。

　例えば、テレビのバラエティ番組は、その多くが編集により笑い声が追加されています。さらにそれは、ほとんどの視聴者が周知の事実であるにも関わらず、私たちはその笑い声に違和感を覚えるどころか、編集によって加えられた笑い声につられて、笑ってしまったりするわけです。要するに、違和感がなければ、消費者はすんなりと情報を処理できるということがいえます。

　これはECサイトでも同様に活用することができます。「NO.1」訴求は、NO.1であることのアピールのみで効果を得ることはほぼありません。しかし「NO.1」訴求とともに、レビュー満足度、レビュー件数、SNSの投稿数などを伝えることで、より多くの消費者に選ばれていることの演出は可能です。

　さらに、消費者により納得してもらえるよう、ECサイトに掲載している実績が新しい情報だと理解させることも重要です。例えば「累計販売10万個突破」という表現も、「おかげさまで、販売を開始した2020年から早く

も累計販売10万個突破！　今月は過去最高の販売個数を達成しました！」などのような表現になれば、売れている感の印象や、納得感も全く異なると思います。

　加えて、畳み掛けるように「今月発売された新商品が早くもレビュー件数100件突破」などの文言があれば、"今売れている感"を演出できます。社会的証明は、誠実でより納得感があれば、どのような消費者に対しても一定の効果をもたらすことができる優れた武器です。なお「誠実」は非常に重要な要素となります。

　売れていることを煽りすぎると、商品の期待値と、商品の実際の満足度とのギャップが生まれる可能性が高くなり、口コミが荒れたり、レビューの満足度が低くなったりと、悪い影響も多く発生します。どのブランドであっても、大事なお客様を裏切るような表現は、絶対に避けなければなりません。

　社会的証明は多くのブランドが活用していますが、巧拙によって効果に差が生じるため、やり方次第で大きなチャンスがあるといえます。しっかりと競合ブランドの訴求内容を研究し、自分たちのブランドが"みんなに選ばれている"ということを、どのようなメッセージとして伝えていくかが重要なポイントになります。

　ターゲットとなる消費者のほとんどは、みんなが選んでいるかどうかが、商品選定の出発点でもあるのです。どう伝えるか、どこまで伝えるか、競合は何を伝えているのか、複数の角度でメッセージを組み立てることができれば、ターゲットにより"売れている感"を伝えることができるでしょう。

5 | 権威 （このブランドは信頼できるものか）

権威効果は、『地位』や『肩書き』といった権威的特徴によって、その人物や発言内容を高く評価してしまう心理効果ことをいいます。人間の思考回路は思っている以上に単純で、医師や警察官というだけで、「この人の言うことは聞かないといけない」「自分よりも立場が上」などと、無意識に思ってしまいます。この心理作用が権威効果と呼ばれるものです。

ECサイトでもこの『権威』は効果を発揮します。例えば整体師と共同開発したマットレス、大学との共同開発で誕生したサプリなどがあります。しかしながら、これもまた多くの活用例があり、消費者は見慣れてしまって「権威」単体ではあまり効果を発揮しなくなっているのも事実です。ただし、使い方によっては権威の効力は、消費者の意思決定を左右します。この節では、消費者が信じることができる権威の表現方法はどのようなものなのか、ブランド側がどのような権威を活用すべきなのかを解説します。

消費者が信じることができるもの

消費者は、全く知らない人物に対し権威を感じることはほぼありません。更にいえば、仮に医師と共同開発したサプリがあったとしても、どのブランドも実施している手法のため、その商品に対する印象が極端に向上することはないと思います。ただし、誰もが知っている著名人や芸能人の名前を使用できれば、消費者側の印象は変わるでしょう。さらに、知らない医師でも例えば有名大学病院の医師ならば、消費者は信じることができるものと認識します。要するにここでも納得性の有無が重要ということです。

普段何気なく見ているECサイトでも、権威を表現するために賞状の写真やグッドデザイン賞などのアイコンを活用している例を多く見かけます。「農芸化学技術賞」のようなあまり知られていない賞でも、賞状の写真とともに掲載されていると、信頼できる情報っぽく感じてしまいます。

さらに、海外での受賞歴や英語での賞状など、存在しているかどうかも怪しいものだとしても、消費者は自分から正しい情報かを調べることはほとんどせずに情報を鵜呑みにしてしまうくらい、権威に対しての思い込みは怪しいと思っていながらもある程度の効果を発揮します。

　消費者は怪しいと思った場合、レビュー件数やランキングサイトなどから他人が多く購入している情報を得て、意思決定の一助としています。「みんなからも選ばれているから、公表情報も全て本当だろう」というように、情報を受け取ってしまうのが一般的です。そのため、前述した社会的証明をうまく活用できれば、権威についての情報との相乗効果で、より肯定感を高めてくれるものになります。消費者が求めているものは、意思決定の妥当性を高めてくれるものであり、信頼に値するかどうかがとても重要です。

　「信頼に値するかどうか」は、なにもわかりやすい権威だけではありません。例えば、高級な商品を取り扱っているブランドであれば、そのブランドに相応しいデザインやフォント、言葉遣いである必要があります。さらに、情報量もまた、権威を象徴するものになる可能性もあります。例えば高級ブランドであれば、素材の説明やうんちく、他のブランドとの違いや特徴など、明確に伝えるべき内容が多いはずです。

　特に高級ブランドであればあるほど、店頭の接客時に店員から与えられる情報は非常に多いのが一般的です。そしてこの情報量も専門家という権威に紐づきます。世の中のECサイトで使用されている権威のほとんどが、単体で使われているものが多く、マーケティングの観点から見ても非常にもったいないと思うことが多々あります。

　あくまでも、権威の表現だけでは機能せず、社会的証明による「他の消費者も買っている」という事実とともに権威を表現することでブランドに対しての信頼が増加し、より購入意思を高めてくれるという流れに繋がります。

消費者の一番の理解者になることが大切

　本書で繰り返し述べているように、消費者は、自分が主人公であり、自分の人生を豊かなものにしてくれるものを常に求めています。主人公が自分であるため、主人公は2人以上要らないと考えています。よって「オレがオレが」「私が私が」と主張してくるブランドをいきなり信じることはできないのが一般的な消費者のマインドです。

　消費者は自分よりも大きな存在を信じたいと思う気持ちから、権威による情報を得たいと考えています。さらに、その権威が社会的証明によって「みんなから選ばれている」と思えるものであれば、積極的に情報を得たいと思うのが消費者の普遍的な考え方といえます。

　だからこそ、ブランドは、ターゲットを明確にして、そのターゲットがなにに悩んでいて、どうなりたいのか、なにを信じているのかを理解しなければいけません。つまり、ブランド側はターゲットである消費者のことを一番理解している存在にならないといけません。ターゲットが共感できるものがなにで、共通点が何なのか？　すべての人間が抱く欲求は、自分を見てほしい、話を聞いてほしい、理解して欲しいという、至極シンプルな欲求です。

　ブランドは、ターゲットを絞り込み、消費者が望んでいることを達成させてあげるというスタンスを取ることができなければ、消費者に選ばれることも、選ばれ続けることもありません。消費者は、自分よりも遥かに情報量が多く、遥かに専門性があり、遥かに自分よりも自分の悩みを解決してくれる可能性がある、権威的な存在を望んでいるのです。

6 | 希少性 （このブランドは価値があるのか）

　今見ている商品に価値があるのかどうかは、購入の意思決定をする際に非常に重要な要素といえます。一般的に、希少性が高いものに人は価値を感じるものであり、いつでも手に入るものは価値を感じないのが普通です。ECサイトでよく見かける、数量限定や、期間限定なども希少性を表現する上で活用されていますが、どのブランドも活用しているため、この希少性もまた、上手に活用ができなければ、消費者に価値を伝えることが難しいといえます。

　ただし反対に、上手に希少性を活用することができれば、消費者に価値を伝えることができるでしょう。本節では、消費者がなにに価値を感じるのか、どのような内容であれば価値が上がるのかについて解説していき、ブランドがどのようなメッセージを発信すれば、より消費者が価値を感じるのかについて述べていきます。

量が多いクッキーと少ないクッキーで希少性が高いのは？

　希少性についての最も有名な実験のひとつに、1975年にステファン・ウォーケルによって行われた実験があります。被験者に対し、ビンに入ったクッキーを提供し、どちらのビンがより好まれるのかを調査するという仕様です。片方のビンには10個、もう片方には2個のクッキーが入っていて、どちらのクッキーがより好まれたかを調べるといった内容でした。結果は、2個のクッキーが入っているビンがより好まれました。この実験から数が少ないほうが、希少性が高いといわれるようになりました。

　しかし、この実験以降、様々な研究チームが、希少性が常に作用するかどうかを調べ、今なお実験が繰り返し行われています。そしてすべての実験結果で、希少性が必ずしも作用するという結論に至っていないというのが心理学の現状です。さらに、複数の論文で、マーケッターの意図が感じ

取れる作為的な希少性は、ネガティブな印象を与えることもあるとわかっています。

　要するに、消費者は価値があるものだと理解しているものに関しては希少性の効果を感じ、価値が低いものだと理解しているものに関しては希少性の効果をほとんど感じないというように、商品の選定時のリテラシーが上がっているといえるのです。

　ECサイトでは、この希少性を高めるために「数量限定」や「期間限定」などの「○○限定」といった言葉がよく活用されています。この言葉だけで希少性を伝えようとしているECサイトは少ないと思いますが、ただ単に「数量限定」であったり、ただ単に「期間限定」では、全く消費者の感情を動かすことはできず、それだけの表現では価値を高めることは難しいということを意識しておきましょう。

価値を高めるためには？

　数量限定や期間限定など、少しでも価値を高めるために、いろいろな表現が各ブランドで実施されています。価値を高めるために必要な要素は何でしょうか？　消費者が価値を感じるときに、確実に必要な情報はなぜそれが「限定なのか」という理由です。例えばECサイトでよく見かける数量限定という訴求も、消費者側からすればこれがなぜ数量限定なのかを明記していなければ、価値を感じることは非常に少ないと思います。

　それでは、なぜ数量限定で販売している"理由"をしっかりと明記しないのでしょうか？　私が知る限り数量限定の記載があるサイトで、なぜ数量限定なのかを明記しているECサイトはほとんどないと思います。大半のケースでは、ブランド側の商品戦略などの都合上、スポット的に販売されている商品という事情で、他チャネルとの供給量を考慮したことが数量限定につながったというのが、主な理由でしょう。とすれば、そのようなことはECサイトに載せるだけの理由になりません。

　しかし消費者の立場からは、理由の説明がなければ希少性を理解でき

ません。消費者は、チェックする商品が少しでも価値が高いものであって欲しいと思って閲覧しています。よって、少しでも数量限定の理由を伝えたほうが良いわけです。数量限定の説明を諦めるのは非常にもったいないことだと思います。

　例えば、数量限定の理由として「大切なお客様のために、100個限定で在庫をご用意いたしました。去年も売り切れになった限定商品なので、ぜひお早めにお買い求めください」などの表現があれば、若干でも価値を高めることができるはずです。また「人気商品のため、お一人様2点までのご注文でお願いします」などの文言があれば、社会的証明の効果も相まって、より価値を高めてくれる可能性もあります。たかがこれだけのメッセージでも、購入を検討している消費者からすれば、買う理由を正当化できるのです。

　さらに、ECサイトでよく見かける内容では「ポイント10倍」や「今なら1,000円引き」などの期間限定の割引に対するキャンペーン訴求です。このようなキャンペーンが最も機能するタイミングは、通常価格を知っていたり、違う店舗がいくらで販売しているかを知っている場合のみです。通常の販売金額と比較できない場合、いくらポイント10倍などのお得感訴求をしようとしても基本的には微々たる効果しか生まれません。理由は、その商品の価値を判断できる物差しがないということです。

　例えば、その商品が昨日まではポイント1倍で、今日はポイント10倍というだけで、消費者が初めて閲覧した商品を購入しようと思うでしょうか？ほとんどの消費者はそれだけで価値を判断できません。価値を高めるためには、消費者が価値を理解できるだけの理由が必ず必要になります。素材や品質にどれだけこだわっていて、他と比較してどれくらい品質・スペックなのかなど、わかりやすいコミュニケーションがあって初めて消費者は価値を理解することができます。

　また価値を判断する上では、前述の社会的証明の「みんなから選ばれている」ということと、権威を表すようなコンテンツが確実に必要であり、そのようなコンテンツが無い限り、価値を伝えることは非常に難しいといえます。

情報の「質」が消費者の購入意思を左右する

例えば、家電量販店の店員は、様々なブランドの商品を比較しながら消費者が望んでいるスペックの商品をおすすめします。家電量販店の店員は専門知識をもとに、他ブランドと比較したり、生活用途に合わせて最適な商品をおすすめしてくれます。いわば家電量販店は「そこに行って相談すれば、最も良い商品を紹介してくれる」という顧客体験を提供する場でしょう。

そして、素晴らしい情報を提供してくれたお礼として、消費者は商品購入のみならずその家電量販店のリピート顧客になってくれる可能性が生じます。また、家電量販店の店員が熱意を込めておすすめしてくれたブランドの商品を気に入れば、そのブランドのファンになる可能性もあるでしょう。そういう意味で、接客がブランドスイッチを引き起こすトリガーになっているといえます。

上記は、みなさんが想像しやすい情報の価値の例として挙げさせてもらいました。これはいわゆる情報の「質」が消費者の購買意思に影響する事例です。ECサイトでも同様に、ブランドに関する情報の質をあげることができれば消費者の購入意思は確実に上がるでしょう。前節でも登場した「権威」に関しても、消費者は信頼できるブランドからの情報は、勝手に

価値が高いと思ってくれます。

　逆に、権威が伝わらないブランドに関しては、いくら専門性が高い情報を発信したとしても、信頼できるブランドの立ち位置を確立できていないため、消費者に情報の質が伝わらないことが多々あるのです。私は社内の勉強会などで次の参考例をよく使用しています。みなさんはどちらのECサイトで購入してみたいと思うでしょうか？

　①ECサイトA
　世界の"本当に美味しいものだけ"を本気で厳選したセレクトショップ
　今月のおすすめNO.1は、「イタリア サルディニア島直輸入のボッタルガ」

　②ECサイトB
　世界200カ国を飛び回って美味しい食材を追求している名物店長
　田中が、"本当に美味しいものだけ"を本気で厳選したセレクトショップ
　今月のおすすめNO.1は、「イタリア サルディニア島直輸入のボッタルガ」

　初めて訪れたECサイトであれば、ほぼ確実に②のECサイトBを支持するはずです。理由は、自分よりも圧倒的に専門性の高い情報を持っているということがわかる点でしょう。また、店長の実名を出すことで、より信頼できる人物からの情報源であることもニュアンスとして伝わってきます。このような点も、支持される要因になり得ます。

　またこの例はある特定の人物からの情報であり、その人物の熱い想いや、厳選した理由などの情報を記載することで、その情報を"ユニークな情報"、"特別な情報"として消費者が捉えることができます。特に食品やスキンケアは似たような商品が多く存在し、使ってみないと自分に合うかどうかがわからないと商品であればあるほど、権威性のある人物からの「このブランドでしか手に入らない情報」によって商品が選びやすくなったり、商品の特徴をより理解しやすくなります。

　以上のように、情報の「質」が消費者の購買意思を左右することが理解

できるでしょう。ありきたりな情報が、確実に消費者に届くということはありません。あなたのブランドだから発信できる情報の「質」で、消費者の購入意思を高めてみましょう。

売り切れ商法がうまくいく場合

　人気商品が売り切れになったときも、希少性の効果が発揮されます。みなさんも、欲しい商品が売り切れになっていて、やっぱり人気なんだなと再確認した経験も多いのではないでしょうか。マーケティングの観点でも、この売り切れを意図的に起こし、より人気感や話題を作り出す、いわゆる「売り切れ商法」というものがあります。

　「販売後すぐに売り切れ、生産が追いつかないため、次回の入荷は1ヶ月後です」、といったものです。この売り切れ商法ですが、すでに認知がある商品をより多くの方に認知させたり、話題を作る上では非常に有効な手段なのですが、間違った使い方をすると、全く効果が出ないこともあります。

　売り切れ商法はあくまでも、"欲しいと思っている人が多く存在している"というのが大前提であり、その欲しいと思っている消費者の数が多ければ多いほど話題になります。しかし、全く認知がない商品で売り切れを起こしたところで、消費者はなんとも思いません。おそらく「在庫が少なかったんだろうな」くらいにしか思ってくれず、売り切れになっていることでポジティブな状況を作り出すことはほぼないといえます。

　むしろ、販売できない期間によって機会損失につながっていることのほうが多いかもしれません。大事なことは、供給よりも需要がどれだけ多い状況を作るかであり、認知が低い商品であれば、愚直に認知を広げることが重要なのです。売り切れ商法というテクニックを使用して恩恵を受けられるのは、認知が高い商品だけです。

7 | 好意
（このブランドが好きかどうか）

　購入意思を高める要素の最後が"好意"です。人間は基本的にすべての人間関係や物事を好きか嫌いかで取捨選択し、それを繰り返しています。どのブランドも消費者に対して好意度を上げたいと思っているにも関わらず、消費者が好意度を上げることについて分析し、ECサイトで体現しているブランドは非常に少ないと感じています。本節では、この"好意"を上げるために、ブランドがどのようなことに気をつけるべきなのかを解説していきます。

① 好意があるからこそ肯定的な「YES」に導ける

　本章で述べてきた購入意思を高める要素「返報性」「コミットメントと一貫性」「社会的証明」「権威」「希少性」を伝えることができて初めて「好意」につながります。そして「好意」を増幅させるために、それらの内容を駆使する必要があるといえます。どれだけ良い情報を消費者に与えたとしても、消費者が「好意」を感じるかどうかが最も重要なポイントになります。

　「好意」がある消費者は、「返報性」および「コミットメントと一貫性」の観点から、ブランド側の情報に対して、肯定的な「YES」が発生するようになります。消費者は、自分の欲求を満たすために、自分よりも詳しく、自分よりも大きな存在からの強力なサポートを得たいと日々望んでいます。よって、新しい商品を次々に試し、自分にとって一番のブランド・商品がどれなのかを模索しています。

　自分の生活を豊かにするために、消費者は常に自分にとって強力なサポーターを探しているともいえます。そして、その信頼できるサポーターが、みんなにも称賛され支持されているかどうかも気になるのです。だからこそ、ブランド側が発信するメッセージは、消費者が好意度をあげるための要素を、消費者目線で、ふんだんに盛り込む必要があります。消費者に"な

んか良さそうだな" と、ECサイトやSNSなどのタッチポイントで一度でも感じてもらえることが大切です。

　ただし、ECサイトはターゲット一人ひとりに合わせたコミュニケーションに変更することが容易ではありません。そこで、ターゲットを絞り込み、メッセージを尖らせる必要があります。消費者は、一度良さそうと思ったブランドに対しては多かれ少なかれ「一貫性の法則」が適用されるために、より自分が納得できる情報を探しているのです。その消費者が求めている情報をしっかりと設計することができれば、ブランドは一人でも多くのお客様を獲得することが可能になります。

② ECサイトも見た目が重要

　人は、直感的に外見で良い人か悪い人か判断するように、ECサイトでも、視覚情報から、このブランドが良いのか悪いのかを見極めています。そして、消費者は、ECサイトでモノを購入する経験を繰り返すことで、説明ページのわかりやすさでブランドの良し悪しを判断するなど、消費者それぞれである一定のルールを自然に設けています。そのルールに基づき購入の意思決定を円滑に行うことで、そのルールもまた経験とともに熟成されていきます。

　ECサイトでもよく活用されている心理作用として、ハロー効果というものがあります。ハロー効果とは、「1つの特徴に引っ張られて対象物を評価・判断してしまう認知バイアス」であり、すべての人が無意識に持っている心理です。以下の例では(1)のほうが直感的に "仕事ができそう" と感じてしまう、それがハロー効果にあたります。

> (1) イケメンで、スーツを着ていて、会議中もしっかりメモを取っている
> 　→とても仕事できる人
>
> (2) 普通の格好で、会議中はしっかりメモを取っている
> 　→普通の人

ただし上述のように、"仕事ができそう"な人物であっても、例えば、プレゼンテーション資料が非常に見づらく、誤字脱字が多ければ、一瞬で"仕事できなさそう"というレッテルが貼られるように、一貫性がなければいとも簡単に人は自分の考えを変えてしまいます。反対に、見た目も素敵で、プレゼンテーションの資料もきれいであれば、よりハロー効果が増大していくことも可能になっていくわけです。

どちらの人が仕事ができそうに見える？

　ECサイトでも、これと同じことがいえると思います。主な例では「ランキング1位獲得」や「ベストコスメ受賞」などの実績を訴求する方法です。これ自体はハロー効果として非常に有効なのですが、消費者はこの情報をもとに、他の情報との整合性・妥当性を確認しながら、納得感があるかどうかを一瞬で見極めていきます。一箇所でも違和感があり「本当にこの商品売れているの？」といった疑念が生じるなどの、一貫性を損なうようなことがあれば、納得性が薄れると言っても過言ではありません。

　特に消費者が違和感を抱きやすいのが、ランキング1位を獲得しているのに、レビュー件数が少なかったり、サイト上に他の人が買っている形跡

がない場合です。消費者はランキング1位を裏付ける根拠となる情報がない場合は、一貫性の法則が働きづらいため、この商品はあまり人気がない商品として情報を処理される可能性が高くなります。

　また、ECサイトでの買い物を通じて、徐々にリテラシーがあがっている状態の消費者は、過去に自分が満足した買い物経験でのECサイトの情報と、そうではなかったECサイトの情報がどのようなものなのかを、無意識に区別しています。この満足した商品とECサイトの情報の結びつきを心理学用語では『連合』と呼び、ほとんどの消費者はこの連合によってECサイトでの商品購入の意思決定を簡略化しているといって良いと思います。

　その最たる例が、レビュー件数とレビュー評価です。5点満点中4.5点以上であれば、ほとんどの消費者は直感的に"みんな満足度が高い"と判断し、5点満点中3.5点であれば、"あんまり良くない商品"というような印象を瞬時に判断しているでしょう。これは情報の連合に関連しているといえます。

　この情報の連合によって、瞬時に判断できてしまうことを心理学では『条件付け』と呼びます。すなわち、消費者は無意識にみんなが満足している商品と、そのECサイトでの情報はどのようなものなのかを結びつけて考えているといえ、ある特定の情報によって条件付けが行われ、ポジティブな情報になったり、ネガティブな情報になったりするのです。

　あなたのECサイトも「ランキング1位」を訴求しているけれども、全く購入率が上がらないようであれば、この「ランキング1位」という情報と、「みんなも買っていて満足している」という情報が結びついていない可能性があります。あくまでも、「ランキング1位」などの実績の情報は、なにか他の情報と結びつかないとハロー効果を見込むことはできないのです。あなたの業界で最も売れているブランドのECサイトや、SNSの投稿を、あなたのブランドと見比べてください。その理由に気付くでしょう。

　消費者はまた、売れている商品がどのようなコミュニケーションをしているのか、どのような情報を打ち出しているのか、どのような人が使っている

のかという視点で、様々なジャンルのブランドや商品を見ているため、売れているかどうかを簡単に見極められるようになっています。これが、条件付けであり、売れていないブランドほど、売れているブランドのメッセージやコンテンツを真似できていないことが多いと思います。

　条件付けで消費者が受け取る情報にバイアスがかかるからこそ、ブランドが発信するメッセージは、売れている競合ブランドが打ち出すようなメッセージにある程度似ている必要があるのです。また、競合ブランドが展開しているサービスや、企画に関しても、ベンチマーク比較によって、同様に展開していくことをおすすめします。

　今はまだ売れていなくても、売れているブランドと同じようなことをすることで、消費者側で条件付けが発動し、ある程度売れているブランドと同じ印象を持ってくれる可能性が高くなるのです。尚、当然ですが必ず売れているブランドをベンチマークしてください。売れていないブランドは、消費者もまた「売れていないブランドなんだろうな」のような印象を持っています。消費者の条件付けは非常にシビアなため、ポジティブな印象を植え付けることは非常に難しいのです。

　さらに条件付けは様々なトリガーで起こることも重要なポイントです。例えば、過去自分に合わなかったと思っている化粧水の匂いを覚えているケースは多く、違う商品だとしても匂いが過去の満足しなかった商品と同じようなものであれば「この匂いがするものは自分には合わない」などの条件付けが発動し、結果的に満足度が低下する可能性も考えられます。

　また、条件付けは人によっても様々です。例えば過去の自分の人生の中で最も自信があった年齢で使用していたスキンケアなどの消耗品に関しては『自信があった自分』と『そのときに使っていたブランド』という紐づけが無意識に行われるため、この条件付けが発動し、自信があった自分がそのときに使っていたブランドは全般的に満足度が高い傾向にあるはずです。

　反対に不幸な経験時に使用していたブランドは、ネガティブな印象と紐づいている可能性が高いため、比較的満足度が低下する可能性が高いで

す。消費者は、過去の良い経験や苦い経験と、そのときに使用していた商品の匂いや高揚感などを、自動的にかつ無意識に紐づけています。

　だからこそ、一度商品を購入してくれた顧客に対して「こういう使い方をしたらもっと満足できます」と思わせるコミュニケーションを構築することが、再購入を加速させるコミュニケーションであり、満足度が高まれば、それが条件付けに変わり、より再購入を促進させることができるのです。

　もう少し具体的なコミュニケーションの例でいえば「一度他のブランドを利用して、再度このブランドに戻ってきた100人のお客様にアンケートを取りました」などの、消費者が再度興味・関心を持ってくれるようなコンテンツを打ち出すことも、ブランドとしては面白い取り組みだと思います。

　一見既存顧客向けのリピート施策のような取り組みでも、真摯にお客様に向き合っているコンテンツは、確実に新規顧客獲得に数値的なインパクトをもたらします。「消費者が求めている情報が何なのか？」この問いに対する答えを見つけることに、ブランドは真摯に取り組む必要があると思います。

③ 類似している部分があればあるほど、好意度があがる

　昔から、ペットの愛犬は飼い主に似るといわれていますが、最近の研究では「自分に似ている犬を選んでいる」ということが要因ではないかと心理学の分野では報告されています[※1]。それだけ、最も馴染みがある自分の顔を、人は無意識に好意度が高いと判断しているのです。

　ECサイトでも同様なことはいえると思います。ブランドの想いはどのようなものか、どのような消費者に向けた商品なのか、どのようなコンセプトなのか。最近では、ブランドパーパスが重要だと騒がれているのも、非常に納得がいきます。ブランドパーパスとは、ブランドの存在意義のことで、

※1　参考記事：飼い主に似るんじゃなくて、似ている犬を選んでいる
　　　https://www.torii-ac.com/topics/topics_200602.html

「ブランドの価値」ではなく「ブランドがこの世に存在する理由」や「意義」を言語化したものを指します。

　消費者は、自分に関係があるものだけにしか興味を持たないのが基本で、自分の信念と、ブランドの想いを重ねて、最も共感できるブランドを選ぶ傾向が近年非常に強くなっています。ブランドの慈善活動や、ブランドが行うサスティナブルな取り組みに共感して、ブランドの好意度が上がることも珍しくありません。消費者は、より信頼できるブランドであり、自分の信念と共通点があり、共感できるブランドに対して購入意思が高くなっているのが現状です。

　ブランドがメッセージを発信するときに非常に重要なことは、ターゲットである消費者と、ブランドの共通点をメッセージに載せることです。消費者は信念を確実に持っています。そこで共感を得られることができれば、きっとロイヤリティの高いお客様になってくれます。かっこいいブランドパーパスよりも、自分とブランドの共通点が見つかるブランドパーパスの方が消費者の共感を得やすいでしょう。ターゲットである消費者に対し、自社ブランドは共通点があると気づかせてあげることが、ブランドの好意度を上げる近道です。

8 | 承諾という意思決定プロセスが どれだけスムーズに行えるか

消費者が"良さそう"と思ってくれたあとの接客方法次第で、購入という クロージングに到達するかどうか大きく異なります。消費者は非常に些細 な情報でも自分が望んでいる情報であれば"良さそう"という思いが高ま り、一貫性の法則により購入意思が高まります。反対に良さそうと思って も、"わかりづらい"や"選びづらい"などちょっとしたネガティブな心象を 抱いてしまうと、たちまち一貫性の法則がネガティブに作用します。EC サ イトでは、消費者がいかにスムーズに購入を完了できるかが要点になりま す。

例えば、ブランドの良さが伝わり購入検討段階にいる消費者に、ページ 内に複数の商品を並べて「どれでもいいので購入してください」というよう な接客のEC サイトは、消費者自身が比較したり検討したりしなければなり ません。そのような接客は、購入のハードルを販売者自ら上げているよう な行為であり、非常に購入率が落ちます。

消費者は、このEC サイトで最も人気がある商品を選びたいと思ってい ます。だからこそ、複数商品を掲載していたとしても「当店で一番人気は これ」「初めてのお客様にはこれが一番おすすめ」など、わかりやすい文言 とともに、商品を案内することが非常に重要になります。逆に選択肢が1商 品しかない場合「他に良いものがないのか?」と消費者が思ってしまうよう な導線や接客は、購入率を下げてしまいます。EC サイトで大事なことは、 一度「この商品が欲しい」と思わせることができたら、それ以降いかに考え させることをゼロに近づけるかが最も重要になります。

商品選定の際も、どちらも良さそうな商品を並列で置いてはいけません。 必ずどちらかが圧倒的に選ばれているとわかる見せ方が、消費者にとって ストレスなく、スムーズに購入をしてもらう秘訣なのです。

購入手続きがストレスフリーなECサイトを目指す

　ECサイトではすべての意思決定がストレスになる可能性があるため、1クリックでも減らす努力が重要です。すでにECサイトを運営されている方であれば、購入するために消費者が商品をカートに投入した後に、どれだけの率でそのまま購入してくれるか、そのデータを把握されていると思います。EC サイト運営の経験がない方は驚愕する数値かもしれませんが、購入しようとした商品を買い物かごに入れた消費者のうち、そのまま購入まで完了する決済率は、平均でたったの40％程度しかありません。

　残りの60％は、なにかしらのネガティブな理由によりカートに入れたまま購入をせずにサイトから離脱しています。そのため、近年では商品ページと注文フォームを一体化し、購入率を引き上げようとするECサイトが多く存在しているほどです。それだけ、消費者はまさに今購入しようとしている商品ですら、一連の購入手続きの煩わしさに敏感になっています。

　スーパーのレジの行列にイライラして、購入を中断したということが、ECの世界では頻繁に起こっています。売上を上げるために1クリックでも減らしたいと思うブランド担当者は多く、商品ページから購入完了までの画面遷移数を最低限まで減らそうとしています。しかし、実際には消費者がストレスに感じる内容をしっかりと把握されていないケースが非常に多いと感じています。少なくとも購入を検討している消費者は、以下の内容を確実に知りたいと思っているため、サイト上の記載が重要です。

- ・今注文したら、最短でいつ届くのか
- ・今購入しようとしている商品は、本当に人気商品なのか
- ・もし仮に満足できなかったら、保証があるのか
- ・これは定期購入ではないのか
- ・Q&Aはどこか
- ・レビューはどこに掲載されているのか

このような情報にスムーズにたどり着けなければ、ほとんどの消費者は商品ページからカート投入までの画面遷移は行いません。消費者は、いくら安い商品だとしても、失敗したくないという気持ちが強いのです。だからこそ、消費者が疑問を思う情報はあらかじめ記載し、大事なことはしっかりと明記する必要があります。お届け日も一見当たり前のような内容ですが、記載がないECサイトはまだまだ多いのが現状なのです。

　また、消費者は"自分の選択で後悔したくない"という想いを常に持っているものです。情報を掲載しないことで、消費者にネガティブな印象を持たれるくらいであれば、確実に情報を載せたほうが消費者にとっても圧倒的に良い印象を与え、結果的に売上拡大にもつながります。

　私はよく、商品ページの改善時にこのように現場に指示をしています。『消費者が買わない理由をすべて箇条書きで洗い出してください』と。そして、買わない理由を「商品の良さが伝わらない」および「決済完了までにストレスを感じる」の2つに分類し、あらかじめ考えられる買わない理由をすべて解消して、購入率が高まる商品ページを設計していきます。このような設計をしておくことで、仮に購入率が想定よりも低かったとしても、その買わない理由がどれだけ解消されているかを見直して、最適化をしていくことが可能になります。

　どのようなブランドの商品も、買われない理由をあらかじめブランド関係者全員で共有できていれば、仮に売れなかったとしても、たち戻れる場所（確認すべきポイント）を作ることができるため、改善のスピードが全く違ってきます。売上が上がらないブランドの多くが、この買われない理由を明確化していないがために、毎月同じような分析を繰り返し、同じ問題点を列挙し、売上を上げるためのアイデアを現場に求めています。

　これはとても非効率な作業を繰り返していることにほかなりません。さらに時間がかかるだけでなく、根本的な問題点を特定できないがために、結果にも結びつかない場合が多いのです。買われない理由をしっかりと消費者目線で作り上げることができれば、ほとんどの場合、商品ページのコミ

ュニケーションも必ず良いものになります。

　消費者目線でのストレスに気づけることができるブランドは、接客の観点からも、確実に消費者に支持されるようになります。ストレスを感じて購入してもらった商品よりも、ストレスなく購入してもらった商品のほうがはるかに満足度は高いはずです。そしてこの少しの差が、リピート率やブランドロイヤリティ（ブランドに対する忠誠心）の高さにも影響を与えていきます。前述の"条件付け"と同じ作用がここでも起こります。いかにストレスなく、スムーズに購入させることができるかが、今後も確実に求められるブランドの接客術なのです。

9 | 第4章まとめ

① ほとんどの消費者は、外部からの影響で自らの購買行動が変わるのが一般的であり、消費者のすべての購買行動は、"感情"に左右される。競合ブランドよりも、消費者の感情を動かすメッセージを発信することができれば、自分たちのブランドが選ばれる可能性が上がり、消費者の感情を動かした総数が多いブランドが必ず選ばれる。消費者の感情を動かすには、名著『影響力の武器』に紹介されている6つの法則を活用すれば良い。

（1）返報性の原理
（2）コミットメントと一貫性
（3）社会的証明
（4）権威
（5）希少性
（6）好意

② 返報性の原理とは、人からなにかをもらったときや、してもらったことに対して、「お返しをしたくなる」心理作用のこと。返報性の原理の4種類を活用することで、消費者が受け取るブランドへの印象を大きく変えることができる。

（1）好意の返報性
（2）敵意の返報性
（3）譲歩の返報性
（4）自己開示の返報性

ただし、返報性の原理は、最も人間の行動に影響力を与える要素でありながら、馴染みがある言葉ということもあり、軽率に扱われるケースが多い。多くのブランドが消費者に対して、返報性の原理を考慮したメッセージを発信できていない。

③ 人間は、自分の言葉、信念、考え方、行為を一貫したいという欲求があり、それは同時に、他者に対しても、自分が一貫性のある人間だと思われたいという欲求があるため、自分が一度でも「肯定」や「決定」をしたことについて、無意識に“一貫性”を保とうする。ECサイトでも同じように、最初になにか小さな「YES」、すなわち「なんか良さそう」などのような「肯定」を消費者側にさせることが非常に重要である。反対に、最初に小さな「YES」すら取れなければ、消費者は「これは自分に関係のない商品」だと認識してしまい、サイトから離脱される可能性が非常に高くなる。

④ 社会的証明とは心理現象の1つで、自分の意思決定の際に、他者の行動を参考にしたり真似したりするなどの同調の一種である。消費者は少なからず周囲の人たちの反応を参考にしながら意思決定を行う。
「ランキング1位獲得」のような実績のアピールは、社会的証明で最もわかりやすく、最も活用されているが故に、一般的な使い方では効果が薄いが、“納得感”がある見せ方を行うことで社会的証明は絶大な効果を発揮する。競合に比べて売れている感を伝えるにはどうすればよいか、消費者目線でメッセージを組み立てることができれば、商品が選ばれる可能性が格段に上がる。

⑤ 人は思っている以上に単純な思考回路を持ち、医師や警察官というだけで、「この人の言うことは聞かないといけない」、「自分よりも立場が上」などと、無意識に思ってしまう心理作用が権威効果と呼ばれる。消費者は、自分よりも遥かに情報量が多く、遥かに自分よりも専門性があり、遥かに自分よりも自分の悩みを解決してくれる可能性がある権威ある存在を望んでいるため、その道のスペシャリストから情報を得たいと思っている。社会的証明をうまく活用し、そのスペシャリストが「みんなから選ばれている」と思えるものであれば、消費者はより積極的に情報を得たいと思ってくれる。

⑥ 一般的に、希少性が高いものに人は価値を感じるものであり、いつでも手に入るものに関しては、価値を感じないのが普通。ただし、希少性も一般的に誰もが知っている知識のため、消費者側も希少性

があるだけでは価値を感じないため、希少性である『理由』が非常
に重要。また、ここだけでしか手に入らない情報に関しても、希少
性という価値が生まれるため、権威とうまく活用することで、消費
者はより価値を感じてくれる。また、価値は相対的に決まるため、
供給よりも需要が多い状況を作ることで、より価値が上がる。

⑦ 消費者は、すべての人間関係や、物事を好きか嫌いかで意思決定す
るため、好意があるからこそ導ける肯定的な「YES」は、ブランド
が選ばれるための第一ステップである。「好意」を増幅させるため
には、「返報性」「コミットメントと一貫性」「社会的証明」「権威」「希少
性」の内容を駆使する必要があり、一度良さそうと思ったブランド
に対しては多かれ少なかれ、「一貫性の法則」が適用されるため、消
費者が求めている情報をしっかりと設計することができれば、ブラ
ンドは一人でも多くのお客様を獲得することが可能になる。ただし、
消費者は、過去の良い経験や苦い経験と、そのときに使用していた
商品の匂いや高揚感などを、自動的に、かつ無意識に紐づけている
ため、過去に嫌な経験と結びついてしまうと、商品自体の満足度が
低下する可能性もある

⑧ ECサイトで大事なことは、一度「この商品が欲しい」と思わせることがで
きたら、いかに選択肢や考えさせることをゼロに近づけ、どれだけスムー
ズに購入を完了させることができるか。ECサイトでは、商品をカートに入
れたお客様のうち、そのまま購入まで完了してくれるお客様の決済率は、
平均でたったの40%程度しかない。残りの60%は、なにかしらのネガティ
ブな理由で、カートに入れたまま購入をせずにサイトから離脱している。
そのため、消費者がストレスになることをすべてなくすことが重要である。
ストレスを感じて購入してもらった商品よりも、ストレスなく購入してもら
った商品のほうがはるかに満足度は高い。

第5章

誰も教えてくれない
リピートされない理由

1 | そもそもユーザーは、端から再購入しようと思っていない

　仕事柄、様々なブランドの方々から「なぜうちのブランドはリピート率が低いのか？」「リピート率をあげるにはどうすれば良いのか？」などの質問をいただき、その度にリピート率が上がらない原因を各ブランドの皆様にお伝えしています。ただしクライアントが目の前にいるなかで、耳を塞ぎたくなるような根本的な理由までなかなかいえないのが本音です。第5章では、「購入してくれた顧客がなぜ再購入してくれないのか」にフォーカスをあてて、消費者理解を深めていただきます。

消費者は良いものを探し続けている

　消費者は、常になにか新しいもの、より生活を豊かにできるモノ・サービスなどを探しています。今使っているブランドが好きだとしても、テレビや広告で新しい商品を見かけると、いとも簡単にブランドを変えてしまうものです。そのような行動に至る消費者マインドを整理してみましょう。

　消費者は、何らかのきっかけで、今使っているブランドから、異なるブランドに購入を切り替えます。そのきっかけは、第1章でお伝えした通りですが、実に様々な要因で、ブランドスイッチを起こしています。様々なきっかけから、特定のブランドから異なるブランドへスイッチしたときの消費者心理はほぼ確実に「実際に使ってみてもし良かったら、そのまま使い続けよう」という思いです。

　これは金額の大小は関係なく、自分の選択が正しかったのかどうかをしっかりと判断しようとする合理的な考え方です。そして一貫性の法則も相まって、商品が良ければ自分の行動を継続しようという心理が働いている状態です。消費者は、初回使用時の第一印象で、まずは良いかどうかを判断します。このときに、事前に期待していた期待値よりも実際の感覚（知覚価値）が高ければ満足し、下回れば不満を覚えます。

顧客満足	=	知覚価値	−	事前期待値

　消費者は常にこのような満足度を基準に商品を再購入するかどうかを決めています。一方で、同時に「もっと良いものがあるかもしれない」という意識を多かれ少なかれ持っている場合が多いのも事実です。非常に満足度が高い商品を見つけたとしても、時間が経てばまたきっと良い商品に出会うのだろうなという期待感を誰しもが持っているのです。

　今までの購買経験をもとに「自分が良さそうと思ったブランドを購入し、満足した経験」が成功体験になり、同じ成功体験を味わいたいというのが一般的な人間の欲求でしょう。そして、この成功体験により、なにかのきっかけでまた違うブランドを自分の感覚を信じて購入し、より満足できる商品と出会える体験を追い求め、これを様々な商品で繰り返しているといえます。

　「よかったら使い続けよう」と思っているにも関わらず「もっと良い商品があるはず」という考えも常に消費者の頭の中にあります。その理解に基づけば、実は同じブランドを買い続ける消費者は少数派で、違うブランドを買い続ける消費者が多数派であるといえるでしょう。要するに、そもそも再購入を前提に購入している消費者は非常に少なく、"もっと満足できる体験をしたい"という気持ちで商品を購入しているといえます。

　だからこそ、同じブランドを再購入するかどうかは、消費者の気分に委ねられるのです。消費者は満足しているブランドですら、ときに違うブランドに浮気をして、また1年後に前に使用していたブランドに戻って購入したりします。このように、消費者はブランドが嫌いになったから再購入しないというわけではないということです。言い換えれば、消費者は非常に素直に、自分にとって良い商品なら再購入しても良いかなと思っているし、それと同時に他のブランドを試したいとも思っているのです。

　ブランドが考えなければいけないことは、一度購入してくれた顧客との接点を持ち続け、関係性を構築し続けることです。そして他社ブランドよ

りも品質や効果、接客やサービスなどで満足度を高くする必要があるのです。他社ブランドよりも満足度が落ちれば、再購入の可能性は低くなります。

　あくまでも再購入するかどうかは、消費者の今までの経験に基づいた相対的な満足度の高さで決まります。リピート率が低いからといって、悲観的になる必要はありません。なぜなら、その消費者は新しいブランドを試したいという至極まともな考えを持っているからです。重要な点は「どうしたらリピート率を上げられるのか」ではなく「なぜ顧客が再購入しないのか」を理解する点です。再購入されない問題点を整理できれば、その問題を解決することでリピート率を上げることができるのです。

　ここで興味深いデータをご紹介します。人間は年齢とともに、新しい商品を購入する意欲が低下していくことが分かっています。いわゆる、保守的になっていくという解釈です。なにか新しいものにチャレンジしたときに失敗したくない、時間もお金も無駄にしたくないという気持ちが、今までの購買経験から保守的になっていきます。そして、年齢が上がればあがるほど、新しい商品を購入する意欲が低くなり、今使っている商品のリピート率が上がる可能性が高くなるのです。

　リピート率を上げたければ30歳以上の消費者を増やすことが、近道かもしれないといえるデータが次の表です。驚くことに、30歳未満のリピート率が13.2％に対して、30歳以上 -45歳未満のリピート率が20.0％、45歳以上 -60歳未満のリピート率が26.0％、60歳以上が39.0％と年齢が高ければ高いほどリピート率が高くなっています。

　また30歳以上 -60歳未満のリピート率に至っては、30歳未満のリピート率の1.6倍もの違いがあるのです。Ｚ世代に対してマーケティングコストを投下しているブランドも非常に多いのが現状ですが、本当にリピート率を上げたいのであれば、ターゲットとする消費者の年齢を上げることも重要な検討事項になるかもしれません。

行ラベル	新規顧客	リピート顧客	リピート率
15－20	60	4	6.7%
20－25	1,060	146	13.8%
25－30	2,688	352	13.1%
30－35	2,703	430	15.9%
35－40	1,968	430	21.8%
40－45	1,486	374	25.2%
45－50	1,159	284	24.5%
50－55	747	198	26.5%

行ラベル	新規顧客	リピート顧客	リピート率
55－60	394	116	29.4%
60－65	166	64	38.6%
65－70	69	26	37.7%
70－75	24	8	33.3%
75－80	5	2	40.0%
80－85	1	2	200.0%
85－90	2	2	100.0%
総計	12,532	2,438	19.5%

行ラベル	新規顧客	リピート顧客	リピート率
30歳未満	3,808	502	13.2%
30歳－45歳未満	6,157	1,234	20.0%
45歳－60歳未満	2,300	598	26.0%
60代以上	267	104	39.0%
合計	12,532	2,438	19.5%

　ところで、このようにデモグラフィック別のリピート率を取得していない
ブランドは多く、蓋をあけたら20代の顧客が多かったというケースもよく
目にします。20代、30代はアグレッシブに「もっと良い商品があるのでは
ないか」とブランドを探し回っているために、リピート率が総じて低くなりま
す。だからこそリピート率を追い求めるより、一度購入した顧客の満足度
を上げて、また使いたいと思わせるようなコミュニケーション・関係づくり
のほうが、圧倒的に重要だと感じるのです。

　満足度が高まれば、浮気しても戻ってきてくれる確率が高まります。第
4章の「社会的証明」でも述べた通り、ランキング1位を獲得し続けること
でも既存顧客の購入件数は増えるため、リピート率が増加する要因にもな
るのです。リピート率は、何か1つの施策であがることがほとんどありませ
ん。リピート率を上げるには、ブランドが本気になって顧客が求める情報
がなにかを理解し、顧客が良いブランドだと感じてくれるコミュニケーショ
ンを常に実施しなければいけません。

2 一般的なリピート施策で リピート率が上がらない根本的な理由

　どのブランドも、リピート率を上げようと日々様々な施策で顧客へのアプローチを試みています。リピート率を上げる代表的な例は、ステップメールのようなメルマガによるアプローチ、次回使えるクーポンの同梱、2回目の購入で特典をもらえるようなリピートプログラムなどが挙げられます。

　そして、このような施策を実施すれば、リピート率が上がると信じているブランドが非常に多いのが現状です。果たして、本当にこのような施策で、リピート率があがるのでしょうか？　また、リピート率が上がると信じて実行しているブランドは、リピート率が劇的に改善したことが本当にあるのでしょうか。

　私は、数百ブランドのリピート率などの実績を見てきましたが、リピート施策を実行して、リピート率が劇的に改善することがいかに難しいかを肌で感じています。次の表が、某著名ブランドの実績データなのですが、実際に様々なリピート施策を実行して、どれだけリピート率が改善されたかを施策前／施策後で比較したものです（ここでは、リピート率の定義を、「90日以内に再購入してくれたかどうか」としています）。

　様々なリピート施策を実施したにもかかわらず、施策後のリピート率はたったの2％程度しか上がっていません。そして面白いことに、いくら改善を繰り返しても、90日以内のリピート率が20％台から30％台に改善することは、ありませんでした（とはいえ、リピート率が仮に20％から22％改善したとすれば、リピート顧客からの売上が年間10億円ある場合は、年間で1億円の売上増加になるため、売上インパクトが大きいのは確かです）。

	新規顧客	リピート顧客	90日以内のリピート率	購入から1年以内のリピート率
施策前	48,492	10,641	21.9%	34.0%
施策後	51,491	12,277	23.8%	35.5%
施策後、最もリピート率が高かった月	5,747	1,575	27.4%	39.8%

　いくら改善しても、リピート率が上がらない根本的な理由は何なのでしょうか？　リピート率を上げる施策や、ノウハウやテクニックは非常に情報が多いのに対して、リピート率が上がらない根本的な理由を言及している書籍やネットの情報や記事は、まだまだ非常に少ないのが現状です。このような現状もあってか、リピート施策でリピート率が大幅に改善すると信じているブランドが多いのですが、実はここに大きな落とし穴があることを、私は強く指摘したいと思います。

　リピート率が上がらない理由は、たしかにブランドとして実施している施策が不足していたり、施策の質が悪い可能性もあります。ですが、どれだけ時間や費用を割いてもリピート率の改善が大幅に改善することはほとんどないと言っても過言ではありません。定期販売やサブスクリプションでリピート率が高くなることはあるかもしれませんが、顧客の総数が減少するなどの他の問題が起こるため、結果的に売上拡大には繋がらないケースのほうが圧倒的に多いです。

　それでは、リピート施策を講じても、リピート率が上がらない理由を以下3点に絞り、解説していきます。

リピート率が上がらない理由 ①

カテゴリーごとに年間購入回数が決まっている

　リピート率が上がらない理由として、最初に理解しなければいけないことは、消費者は、商材ごとに年間で購入する回数がほぼ決まっているということです。以下、公表されている情報から、カテゴリーごとの年間平均

購入回数です（ネットで販売されている主なカテゴリーで構成しています）。

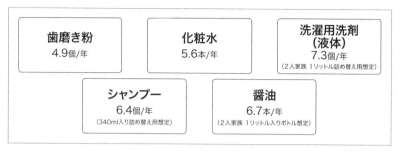

＊総務省統計局の家計調査、人口推計、小売物価統計調査のデータ、および国立社会保障・人口問題研究所のデータより推計

　人によって使用量や頻度は異なりますが、ここでお伝えしたいことは、消費者は商品カテゴリーごとに年間の購入回数はほぼ決まっているということです。例えばシャンプーを年間4回購入していた人が、翌年の平均購入回数が6回以上に増えることはほぼあり得ません。ECサイトでの実例を挙げると、どれだけ売上が高いヘアケアのECサイトであっても、リピート顧客の年間平均購入回数はせいぜい2.5回程度、化粧水では2.6回程度と、年間に3回以上購入してくれる顧客は非常に少数派です。

　にもかかわらず「一人あたりの平均購入回数をあと1回ずつくらいなら増やせそう」という見解が出てきてしまうのが、マーケティングの怖い部分です。読者も、理論上では平均購入数を1回〜2回くらい上げられるのではないかと考えていないでしょうか。理論上考えらえる数値だからこそ、そう思い込んでしまうのは仕方ないことだと思いますが、次に記載している「リピート率が上がらない理由②」の内容を読み終えたときには、平均購入回数を上げることがいかに難しいかが少しずつ理解できると思います。

リピート率が上がらない理由 ②

購入できる場所の選択肢が多い

　リピート率が上がらない理由の2つ目が、日本には物理的に購入できる場所の選択肢が多いことが挙げられます。

日本は世界から見ても、ドラッグストア、スーパーなどの小売店舗が密集する特異な市場です。2022年には、ドラッグストアは全国に1万8千店以上存在しています。また日本の小売拠点数は99万店舗［16年経済センサスより］一方米国では106万店舗［米国労働省'21Q4時点］と米国の国土面積は日本の約26倍にもかかわらず、ほぼ同じ小売拠点数があるのです。

　首都圏では、どのような街にも必ずドラッグストアやスーパーがある状態で、かつそれ以外にも、デパートなどの商業施設も相まって、私たちの生活圏には、ありとあらゆる小売店舗が存在し、様々な商品が常に買える状態にあるといえます。これが、リピート率が上がらない2つ目の要因です。

　多くの消費者は、ネットとドラッグストアで買う商品を明確に切り分けていると思われます。とはいえ、現在使っているブランドの商品をうっかり切らしてしまった場合、最初にアクセスできる場所で購入を検討します。特にドラッグストアとなれば、豊富な商品数で、自分が使用しているブランドがなくても、類似した商品がいくつも並んでいるのが現状です。いつもはネットで購入している商材でも、年に1回はドラッグストアやデパートなどのオフラインで購入してしまった経験がみなさんもきっとあるでしょう。

　特に毎日使用するカテゴリーの商品に関しては、うっかり切らしてしまえば、ネットで購入して明日まで待つよりも、近くのドラッグストアで代替品を購入するという購買行動は、常に誰にでも発生しうることであります。ただでさえ、カテゴリーごとに年間平均購入回数が決まっているにもかかわらず、ドラッグストアなどのアクセスしやすい購入場所が多いことによって、貴重な年間購入回数の"1回"が失われることになります。

　この1回をドラッグストアや他の小売店舗で購入されれば、特定のブランドの平均購入回数が減ることに繋がります。またドラッグストアなどの購入場所に自社ブランドが確実においてあれば、再購入してくれる可能性もありますが、小売店舗では常に違うブランドの存在があるため、なにかのきっかけで、違うブランドの商品が選ばれてしまう可能性もあります。

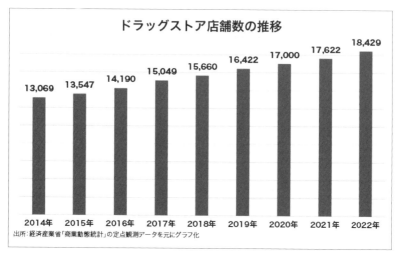

■ ドラッグストアの店舗数のグラフ

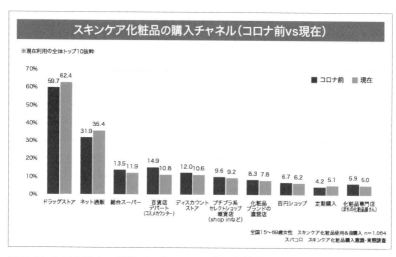

■ スキンケア化粧水の購入チャネルのアンケート結果

リピート率が上がらない理由 ③

競合ブランドの絶え間ないPR合戦

そして最後のリピート率が上がらない理由は、常に様々なブランドがな

にかしらのPR合戦を繰り広げていることが要因として挙げられます。SNSが普及する以前の情報源は、テレビ・新聞・雑誌・ネット・知人と、かなり限定的だったからこそ、リピート率を上げるために実施していたステップメールなどのメルマガ施策は非常に有効でした。しかし消費者ごとに情報源が異なっている現在では、メルマガだけでは顧客の接客ツールとしては不十分であり、SNSなどでの関係性を構築しようとしているブランドが増えています。

　しかしながらそのようなブランドが増える一方で、消費者との関係性が未だにメルマガだけになっているブランドも多数存在しています。様々な情報源がある中で、消費者は常にスマホを片手に、ありとあらゆる情報を日々取得しています。そして誰かが投稿した内容、広告などにより、常に新しい商品との出会いが繰り返されます。

　さらに、自分がすでに知っているブランドからも、特別なクーポンや、イベント内容などを告知され続けます。このような状況の中で、たったひとつのブランドだけを選び続ける消費者がどれだけいるのでしょうか？　様々なブランドからのお知らせや広告やSNSなどの消費の刺激が豊富にある中で「私はこのブランドしか買わない」と断言できる消費者がどれだけいるのでしょうか？

　そのような消費者は、少数派であることは容易に想像がつくと思います。商材ごとに年間平均購入回数がほぼ変わらない状況のなかで、競合の度重なるPR合戦によっていとも簡単に貴重な1回の購入回数が失われていくのです。大事なことは、消費者が同じブランドを選ぶ可能性が低い点を理解すること。そして、すでに再購入してくれている顧客が、いかに様々な困難を乗り越えて、自社ブランドを選んでくれた少数派の人たちであるということも、あわせて理解することが重要でしょう。

　一人でも多くのリピート顧客を育てたいのであれば、再購入してくれる理由をしっかりと言語化することがブランドにとって非常に重要な情報になるのです。なにか特定の施策で、リピート率が劇的に改善することはほぼあり得ないのですが、リピート顧客をファン化することは確実にできます。

リピート率が上がらないと嘆く前に、あなたのブランドのお客様が、どのような情報を見ているのか、どのようなブランドに興味を持っているのかなど、顧客の解像度をあげ、どのような情報を与えたり、どのような接客をしたら、大切な顧客が自社ブランドのファンになるかを考えることが非常に重要です。そして、貴重なリピート顧客に、何をしてあげることでより満足度を感じてもらえるか、この答えをそれぞれのブランドが持っていなければいけないと思います。

3 NO.1ブランドだと思われているか どうかがリピート率の決め手

　リピート率を少しでも上げたければ、顧客の解像度を上げましょう。顧客の解像度が低ければ、顧客理解ができるはずもなく、そのような状況下で考えられたリピート施策で数値が改善するほど、マーケティングの世界はそんなに甘くないというのが、単品通販を長年研究してきた私の見解です。

　それでは、再購入させるためには何が最も重要なのか、について解説していきたいと思います。前述の通り、そもそもリピート率が上がらない根本的な要因は、1つ目は「カテゴリーごとに年間購入回数が決まっている」、2つ目は「購入できる場所の選択肢が多い」、3つ目は「競合ブランドの絶え間ないPR合戦」と解説してきました。簡単に言ってしまえば、年間の購入回数が決まっていて、競合が多い状況では、リピート率を上げること自体が困難である状況だということです。

　それでも、あなたのブランドには再購入してくれる顧客と再購入してくれていない顧客の2種類の顧客が存在します。この違いは何なのでしょうか？

商品満足度が高ければリピート率が高いというのは幻想

　自社ブランドのリピート顧客は、なぜ自社ブランドを再購入してくれたのか。この問い対して明確な回答を持っていることが、ブランドのあるべき姿なのですが、ほとんどのブランドが明確な答えを持ち合わせていないのが現状です。

　リピート顧客は商品満足度が高いから再購入してくれるのでしょうか？それとも、ブランドが好きだから再購入してくれるのでしょうか？　ここで面白い数値のご紹介です。

次の表は、異なる2つブランドの実績データで、どちらもクレンジング商材で、価格帯も約2,000円と同じで、容量も同じくらいの商品です。さらに、レビューの点数は、Aブランドは5点満点中4.8点、Bブランドは5点満点中4.7点とどちらも高評価の商品です。レビューの評価が高ければ高いほど、満足度が高いといえるため、どちらのブランドも商品満足度が高いということがわかります。それでは、リピート率はどうでしょうか？

ブランド	価格	レビュー評価	容量	90日以内のリピート率	180日以内のリピート率
A	約2,000円	4.64	30日分	21.5%	36.6%
B	約2,000円	4.62	30日分	10.2%	16.1%

　商品満足度がほぼ一緒であるにも関わらず、リピート率は2倍以上の開きがあります。このデータからもわかるように、商品満足度とリピート率には明確な相関がありません。建前では商品が良いと言っているけれども、本音では「再購入はしないかな」と思っているわけです。顧客アンケートで満足度を調査していたとしても、アンケート項目がいかに誘導尋問にならないように設計しないかぎり、本音の"再購入するかどうか"はわからないということです。

顧客はブランドをどう評価すれば再購入してくれるのか

　それでは、先程の事例をもとに、なぜどちらの商品もレビュー評価が高いのにも関わらず、リピート率がこんなにも違うのかについて解説していきます。おそらくほとんどの方が、商品満足度が高ければ、リピート率も高くなるだろうと、思いこんでいたと思いますが、それは机上の空論といえます。ここでも、顧客視点に立ち返り、顧客がなぜ再購入するのかを考えていきましょう。

　おそらくあなたも、再購入した商品もあれば、満足度が高いけれども再購入しなかった商品や、満足度が高く再購入は数回したが、結局違うブランドのものを使っているなど、「同じブランドを使い続けている」という商品のほうが少ないと思います。

繰り返しになりますが、満足度と再購入に相関はありません。そして、顧客の購買行動がそれを裏付けています。顧客が同じブランドを再購入する上で、最も重要な要素を一つに絞るのであれば、次のように定義できると思います。

『今までの使用したブランドの中で、NO.1だといえるかどうか』

　シンプルかつ本質的な答えが、私はこれだと思います。そして、NO.1を決める要素は、人それぞれあり、品質・効果・価格・物理的な購入のしやすさなど、様々な要素を組み合わせて、一番良かったものをNO.1ブランドとして認識出来て、ようやく再購入が発動されるのです。

　圧倒的にNO.1ではないブランドだと認識したとしても、割引などのクーポンを利用することで、コスパではNO.1になれる可能性が出てくれば、再購入される可能性が高まるわけです。ここでの大事なポイントは、顧客が思う"何かしらのNO.1"という座を獲得することなのです。消費者目線に立てば、実にシンプルな答えが見えてくるわけですが、この解を持っているブランドが非常に少ないと思います。

　わかりやすいNO.1は無理でも複数の要素をかけ合わせて何かしらのNO.1に思わせることはどのブランドでも必ずできることだと思います。そして、ブランドがどのようなことでNO.1と思ってもらいたいのかを定義づけることで、自ずとリピート施策で何をやるべきかが見えてきます。ステップメールや自動接客ツールはあくまでも手段です。必要なのは大切なお客様に何を伝えるのか、どう思ってもらいたいのかを「再購入」というゴールから逆算して設計することです。そして、その設計の中での打ち手がリピート施策です。

使えるCRMを作り上げることが重要

　ところで、CRM（Customer Relationship Management）に取り組む企業は多いと思います。ご存じのようにCRMとは「顧客情報、購買データなどの分析に基づき、顧客と良好な関係を構築・維持するための一連の活動や管理手法」と定義されています。リピート顧客の数を増やし、再購入を促進するためにはCRMは不可欠でしょう。

　デジタルの力でCRMを支援するCRMツールが多くのITベンダーから提供されています。それらのCRMツールを使用している企業は多いでしょうが、実際には思ったほど効果を発揮できていないケースも見受けられます。その原因として、顧客の購買データに頼って分析した結果をもとに、CRMを展開しているケースが多いのではないでしょうか。顧客の購買データだけで実施されるCRMのほとんどは、実売データをもとに作られたデータ構造であって、顧客の見える化には本来つながらないと私は考えます。

　顧客は今使っているブランドがNO.1だと思っている場合、何かしらの行動をとることがあります。例えば、購入後のレビューの投稿や、再購入、新商品のお気に入り登録、メルマガ登録などが該当します。好きなブランドであれば、そのような行動をより多く取るでしょう。

　このような消費者の行動をデータ化し、どのような行動を取った顧客が優良顧客になる可能性があるのか、どのような行動をとれば、再購入につながる可能性があるのかをブランドごとに定義し、その定義の中で顧客を管理することが今後必要なCRMだと私は思っています。

　次の表は、私が作成したCRMの理想形です。ブランドごとにリピート顧客の心理状況を定義していくことが重要だと思うので、次の表はあくまでも参考例として捉えてください。

満足度	心理状況	優良顧客になる可能性	再購入する可能性	レビュー記入	メルマガ登録	LINE登録	店頭顧客	LINEコマース閲覧	新商品のお気に入り登録
★★★★	商品に対して満足していて、このブランドが一番だと思っている	高	80%	○	○	○	○	○	○
★★★	商品に対してある程度満足しているが、このブランドが一番かどうかはわからない	中	50%	○	○	○	○	○	×
★★	商品に対してある程度満足しているが、他のブランドで一番が顕在化されている	低	25%	×	×	×	×	×	×
★	商品に満足していない	低	5%	×	×	×	×	×	×

　この表のように、顧客の行動の種類ごとに○×の印付けを行い、顧客の状況を可視化することがあるべき姿のCRMの第一条件です。今後確実にこのような顧客管理がブランドの繁栄には必要とされていきます。

　ここで少し驚くような事例をご紹介します。次の表は店頭顧客とECサイトの会員を一元管理しているブランドのデータです。実店舗の顧客に絞り、メルマガ登録の有無だけでリピート率がどれだけ違うのかを示したものです。どの顧客も実店舗とECサイトで購入している顧客であるため、どちらの顧客もブランドに対して満足度が高い優良顧客であることは間違いないです。

　それでも、面白いことに、メルマガ登録の有無だけでリピート率は1.5倍以上の開きがあるわけです。もうメルマガなんてほとんど読まれないと思っているブランドの方々やマーケターの方々は、再考されることをお勧めします。たかがメルマガ登録、されどメルマガ登録なのです。1.5倍のリピート率は、売上に対しても相当なインパクトがあるため、一人でも多くのお

客様にメルマガ登録をお願いできれば、ほぼ確実にリピート率が上がることがわかると思います。

　また、今回の例ではメルマガ登録率ですが、ブランドが好きな顧客であれば、様々な行動を行っているはずです。リピート率が高く、ロイヤリティも高い顧客を見つけるためには、どのような「行動」を取ってもらうのかを、しっかりとブランドごとに把握する必要があるのです。

リピート率	店頭顧客	メルマガ登録	LINE登録
18.4%	○	○	○
12.1%	○	×	○

4 | リピート率を上げるには、商品満足度ではなく、全体の満足度が重要

　リピート率がどうすれば上がるのかは、どのブランドも同じように頭を悩ませている永遠のテーマであり、様々なブランドが様々な手法で少しでもリピート率を改善しようと躍起になっているのが現状です。とはいえ、リピート率はブランド側の努力で改善できる側面もあれば、消費者の気分的な側面や、競合との競争という側面からいかに改善が難しいかを述べてきました。ここでは、リピート率を上げるために、ブランド側で実施できる側面にフォーカスして解説していきます。

満足度を上げることが最も重要な理由

　前節で、商品満足度とリピート率には相関がないことをお伝えしました。前節でも述べたように、顧客が再購入するときは、なにかしらの要素で『NO.1』と認識しているものを再購入しようと決めます。そのNO.1要素は人それぞれの主観や気分で変わるため、ブランド側でコントロールすることはほぼ不可能に近いです。

　消費者は実に気まぐれで、ある時は、一番効果が良かったと思える商品を購入し、ある時は効果があるかわからないけど新しいものを試したいと購入し、ある時は、最も安くてコスパの良いものを購入したりと、様々な軸で商品の選択を繰り返しています。

　興味深い事例をご紹介しましょう。楽天市場には投稿レビュー数が1,000件を越えるヘビーユーザーが多く存在します。このようなヘビーユーザーは年間購入金額が数百万円を越える方々がほとんどです。一般に、ECで年間購入金額が数百万円を越える消費者であれば、高所得者に分類されるでしょう。次の表は、そのような楽天市場のヘビーユーザーの中で、10,000円を超える高級化粧水を購入した消費者を無作為に10名抽出し、その消費者が他にどのような価格帯の化粧水を購入しているのかをま

とめたものです。

　この表からも分かる通り、たとえ10,000円以上の高級化粧水を購入した消費者であっても、2,000円以下のコスパ重視の化粧水も購入する方が半数以上いることが分かります。いかに、消費者は自分にあったもの、すなわち、最も"自分が満足できそうな商品"を、様々な観点から探していることがここからも分かると思います。

ユーザーが購入した価格帯を●で示した表

ユーザー	2,000円 未満	2,000〜 4,000円	4,000〜 7,000円	7,000〜 10,000円	10,000円 以上
A	●	●	●	●	●
B	●				●
C				●	●
D		●	●		
E		●	●	●	
F	●	●		●	●
G	●	●	●	●	
H		●	●	●	●
I			●	●	
J			●		●

　繰り返しお伝えしますが、あなたのブランドがカテゴリー内で高価格帯であろうと低価格帯であろうと、消費者はシビアに一番満足できる商品を探すため、違う価格帯のものも含めて自分にとって最も良いブランドを探します。「高価格な商品を選んでくれた顧客は品質を重視しているため、低価格の商品とは比較されない」という妄想は一度忘れましょう。

　現実はその妄想とは全く違います。ブランドがやらなければいけないことは、顧客の満足度を上げることです。顧客は価格で満足度を決めているわけではなく、価格や効果、実感、容量、気分など、様々な要素で満足度を図ろうとします。価格帯が高い商品に対し、消費者はその効果に期待をするのは当然です。

安い商品だとしても、ある程度の効果を期待することも当然です。そして、過去の経験から一番満足度が高い商品なのかどうか、どれくらい自分が満足しているのかを、無意識に判断しているのです。

　消費者は本当にシビアです。満足度ランキングで上位3位に入らなければ、きっと一生買ってもらえないブランド、すなわち自分が満足出来なかったブランドとして認識します。そうなれば、いくらプロモーションを強めても、「私には合わなかった」という見解や「効果が感じられなかった」などの印象とともに、再購入される可能性がぐっと低下してしまいます。

満足度はどうすれば上がるのか？

　消費者がいかにシビアに、いかに貪欲に自分が満足するブランドを探しているかが理解できたところで、次に、消費者の満足度はどうすれば上がるのかについて、解説していきます。満足度は、本書で何度もお伝えした通り、下記の数式で表すことができます。

　要するに、どれだけ期待させても、知覚価値（実際に体験したときの満足度）を高めない限り、消費者は満足度を感じることがないということです。さらに厄介なことに、この数式で算出された満足度がゼロになった場合、つまり知覚価値が期待値どおりだった場合、満足度はないという評価になるのです。よって少しでも期待値以上に知覚価値を高めることで、満足度をプラスの値とすることが重要です。

　それでは、消費者の満足度が上がるタイミングはいつなのでしょうか？それは、主に3つのタイミングに分類ができます。

①商品を使用・消費したとき

　1点目は、最もみなさんがイメージしやすく、最も満足度を感じるタイミ

ングの『使用したときの満足度』です。使用したタイミングでの満足度には個人差があるため、ほぼコントロールすることが不可能な領域です。さらに、消費者に対し一切情報を提供せず、商品だけを提供し、消費者の感覚だけで判断を委ねてしまえば、より一層満足度を感じてもらうことが難しくなります。

　前述のとおり、消費者は様々な要素でこの商品が満足できる商品・ブランドなのかを判断していきます。使用感は良かったが、価格が高いという判断になれば、当たり前ですが、満足度は低下します。商品には自信があるのに、再購入してくれないブランドであれば、真っ先にこの"使用するタイミングまでのプロセス"を見直すべきです。

　消費者は商品購入時から商品到着時まで、何を考え、何を期待しているのでしょうか。そして到着後、商品使用時に何と思いたいのか、何を思えば満足度が上がるといえるのでしょうか。このような消費者目線での、各タッチポイントで、何を伝えるのかをしっかりと設計していなければ、ブランド側が消費者の満足度を上げることはできないのです。

　コスメブランドの場合、最高の購入体験を提供するために、例えば店頭では購入前に商品を試してもらい、肌で効果を実感してもらおうとします。飲食店でも同じことがいえます。同じクオリティの料理が出てきても、お店の雰囲気、店員の接客の仕方次第で、何倍も美味しく感じてもらえるものです。だからこそECサイトであろうと実店舗であろうと接客が大事なのです。そして、何を伝えたら満足度があがるのか。これを設計することが、リピート施策を考える上で、最も根幹にならなければなりません。

②ブランドによる接客が良かったとき

　ECサイトでの接客とはどのようなものか、あまりイメージが湧かない方もいると思います。私が思うECサイトでの接客がどのようなものかをまずは説明させていただきます。結論からいうと、ECサイトの接客は、消費者との接点になるものすべてが『接客』であるという考え方です。

当たり前ですが、ECサイトで商品を購入するときは商品ページやランディングページ（広告のリンク先のページ）を閲覧して、購入を検討します。そして、その接客がイマイチであれば、購入の可能性を下げることにもつながるため、各ブランドは商品ページやランディングページをより良いものにしようと心がけています。要するにECサイトを通して接客をしているということです。

　ここで質問です。

> あなたのブランドは、店頭で商品をおすすめするときの接客と、ECサイトで接客をするときでは、どちらのほうが売りやすいのでしょうか？

　ほとんどの方が、そりゃ店頭での接客だよと思うでしょう。情報量や接客の面で店頭とECサイトの接客を比較した場合、大半のブランドは前者に重きを置いており、ECサイトでの対応がおろそかになっているブランドは多いと思います。

　ではなぜそのようになってしまうのでしょうか？　ここでECサイトにおける購入体験の一連の流れをもとに考えてみましょう。ここで言うその流れとは次に示す(1)〜(5)になります。

（1）商品の説明ページを閲覧する
（2）お買い物かごに商品を入れる
（3）注文を完了する
（4）注文確認メールなどの案内を受け取る
（5）商品を開封する

　ご覧の通り、接客できるタイミングは最低でも(1)〜(5)の計5回はあります。しかしながら悲しいことに、注文確認メールなどの案内にブランドの想いやお客様への感謝の言葉などが盛り込まれているブランドは非常に少ないのが現状です。

さらに、確実に接客できるポイントである「商品を開封する」タイミングでも、同梱物などで接客を実施していないブランドは非常に多いのです。つまり、店頭での接客が売りやすいと感じている背景には、そもそもECでの接客方法を熟知していないことが原因ではないかと思います。

　店頭での接客時に、購入された商品を手渡すときに「ありがとうございました。またのご利用お待ちしております」と言わない店員がいれば、きっと店長が指導すると思います。では、ECサイトの商品の到着時は、その接客はしなくて良いのでしょうか？

　SDGsの観点で、同梱物を廃止しているブランドが多くなっています。この取組自体は私も大いに賛成です。ただし、大事なことはブランドが大切に思う顧客に対して感謝の言葉を伝える行為を、顧客との関係構築のために必ず実施しなければいけないことだと思います。私であれば、直筆の手紙を入れて私自身の情熱を伝えます。商品の満足度とあわせ接客の満足度でもNO.1になろうと思います。難しいことではありません。何がベストな接客なのか、今一度関係者間で議論が必要だと思います。

③購入後、他の人も推薦していることを理解したとき

　そして満足度があがるタイミングの最後が「購入後、他の人が推薦していることを理解した」タイミングです。人は常に自分の行動、思考、感情の整合性を保とうとします。購入商品は“自分が良いと思って”購入したため、その気持を正当化するものを見つけようとします。

　そのため、ブランドは、顧客が商品を購入した直後に、「あなたの選択は正しかった」と思わせるような取り組みをする必要があるのです。わかりやすい例でいえば、テレビCMを活用し“おかげさまで、選ばれ続けて売上NO.1”などのような訴求をすることで、そのCMを見る前に商品購入した顧客に、「みんなも買っているから、私の選択肢は正しかった」と、思わせることができるということです。購入者に再購入をさせたいのであれば、社会的証明による満足度をあげることも重要です。

また、顧客満足度がなにかの理由で低くなっているタイミングで、新商品の案内をしたところで、売れる可能性は非常に低いことは、自分が顧客の立場になれば確実に分かることだと思います。顧客はそんな簡単にブランドが思ったように行動はしてくれません。そして購入直後は、合理的かつ自分が納得しやすい情報で、自分の行動を正当化したいのです。ここで正当化できなかったブランドは「自分の選択肢は間違っていた」という印象になり、満足度は著しく低下してしまうわけです。

　そうなると顧客は「自分の選択肢は間違っていた」と思う合理的な納得解を探しにまわります。そしてその合理的な納得解は「期待していたものと違った」など、抽象的な言葉で片付けられます。顧客はそうやって自分の言動や感情を正当化していきます。

　購入後のタイミングも同様に、顧客に何を思わせたいのか。これを設計できれば、商品購入時から商品利用後まで一貫してブランドに対してポジティブな印象になる"状況"を意図的に作れるわけです。すべては顧客視点で、必要なコミュニケーションを設計することが重要なのです。

5 | 第5章まとめ

① 消費者は、より生活を豊かにできるモノ・サービスなどを探している。「自分が良さそうと思ったブランドを購入し、満足した経験」が成功体験になる。更に、同じ成功体験を味わいたいという欲求により、「よかったら使い続けよう」と思っているにも関わらず、「もっと良い商品があるはず」という考えも常に存在している。そのため、そもそも再購入前提で購入している消費者は非常に少なく、「もっと満足できる体験をしたい」という気持ちで商品を購入しているケースが多い。20代・30代ではその傾向が顕著だが、年代が上がれば上がるほど、購入経験の回数とともに失敗したくないという保守的な気持ちが強くなり、リピート率が上がる傾向が強い。

② リピート率が上がらない理由は、ブランドが実施している施策が不足していたり、施策の質が悪い可能性もあるが、根本的な理由は3要因に分けられる。1点目は『カテゴリーごとに年間購入回数が決まっている』からであり、シャンプーを年間4回購入していた人が、翌年に6回以上に増えることはほぼあり得ない。2点目は『購入できる場所の選択肢が多い』ためであり、生活圏に小売店舗が多く存在し、様々な商品が常に買える状態にあるからである。3点目は『競合ブランドの絶え間ないPR合戦』によって、商材ごとにほぼ変わらない年間平均購入回数の貴重な1回が、いとも簡単に失われるため。

③ リピート率は、商品満足度と相関がなく、顧客アンケートで商品満足度を調査していたとしても、消費者の本音である「再購入するかどうか」はわからない。リピート率を高めるためには、顧客が思う“何かしらのNO.1”という座を獲得することである。誰が見てもわかるようなNO.1の座は無理でも、複数の要素をかけ合わせて何かしらのNO.1に思わせることが重要。再購入というゴールから逆算して、大切な顧客に何を伝えるのか、どう思ってもらいたいのかを設計することがリピート施策を設計する上では重要な考え方である。

④顧客は価格で満足度を決めているわけではなく、価格や効果、実感、容量、気分など、様々な要素で満足度を図ろうとしている。また、満足度が上がるタイミングは、

（1）商品を使用・消費したとき
（2）ブランドからの接客が良かったとき
（3）購入後、他の人も推薦していることを理解したとき

の3点に大きく分けられる。商品購入時から商品利用後まで一貫してブランドに対してポジティブな印象になる状況を意図的に作るために、顧客視点でのコミュニケーション設計が重要である。

第**6**章

ブランドスイッチを防ぐ方法は
これしかない

1 | 一般的なリピート施策でブランド スイッチを防ぐことができるのか？

　私たちマーケターは、日々当たり前のように「リピート施策」という言葉を使用しています。私は様々なブランドの方々と一緒に戦略を作っていますが、この「リピート施策」という言葉の定義が人それぞれで異なっており、非常に問題と感じています。

　リピート施策の一般的な定義は「リピート顧客を増やすことに関する取り組み」です。リピート顧客を増やすために、多くのブランドはステップメールや、次回の購入特典を用意するといったリピートプログラムを実践しています。要するに、大半のリピート施策は「買わせること」にフォーカスした施策内容になっているのが現状だといえます。果たして買わせることにフォーカスしたリピート施策は本当に結果が出るのでしょうか？

　私自身の経験に基づくと、買わせることにフォーカスしたリピート施策では、リピート率を上げることもできなければ、ブランドのファンを作ることもできません。例えば典型的なリピート施策に、メルマガによる案内で次回使える20％OFFクーポンのような販促施策があります。確かに有効な手段ですが、最大の問題点は、割引しないと買ってくれない顧客に対して、最もわかりやすい方法で再購入を促している点です。このような顧客を増やして本当にリピート率を上げることはできるでしょうか？

　この割引がなければ、割引がないと買わない顧客の大半は、再購入しません。顧客は自分に最適な商品であると思っていれば、割引がなくても再購入してくれるはずです。割引がないと買わない顧客は、その商品は割引されて初めて「自分が求める価値になる」と思っている場合が多いのです。現に、割引をやめたとしても、意外とリピート率が落ちなかったという事例も多くあります。ここからも、リピート施策は本当に「買わせる」ことにフォーカスすべきなのか、非常に疑問に思うのです。

本来顧客は、一度購入したブランドを自分から積極的に嫌いになることはありません。むしろ一貫性の法則が働くために、自分の購入を正当化したいという思いから、より自分がこのブランドを好きになれるような情報を望んでいると思います。そうであれば、顧客に届けるべき情報は、割引の案内ではなく、商品の良さやより満足できる商品の使い方など、間違いなく良い商品だと感じてもらうための情報が最適だといえます。「買わせる」ことよりも「満足度を上げる」ことの方が、プライオリティが高いということです。

　当たり前ですが、顧客満足度が高ければ高いほどブランドロイヤリティ（ブランドに対する忠誠心）が高くなります。そして、ブランドロイヤリティの高い顧客は、割引がなくても再購入の可能性が高くなり、かつ定価に近い金額で購入してくれます。であるからこそ、そのブランドは新しい顧客を呼び込むための広告費を捻出することができるのです。ムダに割引したところで、大きなリピート率向上には確実に繋がりません。

　リピート率は、満足度やブランドロイヤリティと間違いなく密接な関係があります。買う買わないを決めるのは、ブランドロイヤリティが高いかどうかに左右されるのであって、割引は購入というハードルを下げる行為でしかありません。

リピート施策を構成する3施策

　正しいリピート施策は「A.顧客満足度向上施策」「B.ブランドロイヤリティ向上施策」「C.顧客との関係性構築施策」によって構成されます。いずれかが欠ければ、リピート率はたちまち低くなります。

　当たり前ですが、どれだけ満足度が高くても、どれだけブランドロイヤリティが高いブランドだとしても、顧客にブランド側から案内を送ることができなければ、ブランド主導で再購入を促すことができません。第5章でも書いたように、メルマガの登録率だけで、大きなリピート率の違いを生むのです。大切なお客様に、ブランドが伝えたいメッセージをしっかりと届けられる関係性を築くことも、とても大事なリピート施策になり得るのです。

●リピート施策とは？

リピート施策　＝　(A) 顧客満足度向上施策

　　　　　　　＋　(B) ブランドロイヤリティ向上施策

　　　　　　　＋　(C) 顧客との関係性構築施策

(A) 顧客満足度向上施策	(B) ブランドロイヤリティ向上施策	(C) 顧客との関係性構築施策
<例> ・正しい使い方や効果的な使い方 ・レビュー記入特典 ・商品の良さを正しく伝える ・口コミの多さ	<例> ・コミュニティ形成 ・社会的証明による人気の醸成 ・選ばれ続けている理由を伝えていくこと ・ブランドの取り組みの共有	<例> ・会員登録 ・メルマガ登録 ・SNS公式アカウントのフォロー ・同梱物

よく使われる用語と本書での定義

リピート施策	リピート率を高める取り組み
顧客満足度向上施策	顧客が商品やサービスに対する満足度を高める取り組み
ブランドロイヤリティ向上施策	特定のブランドに対する忠誠心 (愛着) を高める取り組み
ブランドスイッチ防止施策	顧客にNO.1ブランドだと思わせる取り組み
CRM	Customer Relationship Management (顧客情報、購買データなどの分析に基づき、顧客と良好な関係を構築・維持するための一連の活動や管理手法)
リピート率	新規顧客が、次回購入してくれる確率
ブランドロイヤリティ	特定のブランドに対する忠誠心 (愛着) を示す指標
顧客ロイヤリティ	ブランドを提供する企業に対する忠誠心 (愛着) を示す指標
顧客満足度	顧客の商品やサービスに対する満足度

リピート率向上とブランドスイッチ防止の施策は異なる

　ところで、リピート率を上げることと、ブランドスイッチを防ぐこととはほぼ同意ではありますが、施策ベースで考えると、厳密には同じ施策ではないことをここで強調したいと思います。リピート率を上げるためには、商品の満足度を上げ、ブランドをより好きになってもらい、関係を構築する必要がある一方で、ブランドスイッチを防ぐ方法は『NO.1ブランドだと思わせる取り組み』なのだと思います。

　消費者は、常に自分にぴったり商品を探しているのですが、このことは消費者が確実に自分にとってのNO.1ブランドを探し続けていることに他なりません。今使っているブランドが圧倒的NO.1のポジションを確立できれば、ブランドスイッチを防止できる可能性がぐっと高まります。逆に、NO.1ブランドのポジションが確立できなければ、消費者はいとも簡単にブランドをスイッチしてしまうのです。

　顧客に高い満足度を与え、ストレスのないリピート施策を行えて、社会的証明に当たる他の人の意見や実績（例えば「おかげさまで年間大賞に選ばれました」）のような案内をすることで、顧客は自分以外の人も満足度を感じていることを理解し、より自身の選択に自信を持つようになるのです。大切な顧客に与えるべき情報は、次回買ってくれるときに使える割引の案内ではなく、他の消費者もNO.1ブランドだと思っているという第三者の評価がわかる社会的証明なのです。

　ほとんどのECサイトが効率化を求めている中で、細かい気配りができれば、絶対に他社ブランドよりも顧客満足度が上がります。手間がかかる施策になればなるほど、模倣できるブランドは少なくなるのです。だからこそ、顧客も大切にされていると感じてくれるわけです。満足度が上がり、NO.1ブランドだと認識さえしてくれれば、確実にブランドスイッチを防ぐことにもつながり、結果的にリピート率の改善に結びついていくと私は考えています。

2 | リピート率が低いブランドの共通点

第4章でも述べているように、買われない理由をあらかじめブランド関係者間で洗い出しておくことが、売上向上の根幹となる購入率を改善していくために、非常に重要な取り組みと解説してきました。これと同じことが、リピート率でもいえます。

リピート率が高いブランドは、前述の「顧客満足度向上施策」「ブランドロイヤリティ向上施策」「顧客との関係性構築施策」を非常に重要視しています。また、リピート率が高いブランドは、より大切な顧客からの声や反応を見ながら、接客自体を改善していく体制が整っている場合が多いです。そして、施策を実行するまでのスピード感が高いブランドほどリピート率が高い傾向にあるともいえます。

そのようなブランドは、日頃、顧客満足度を高めるようなアイデアを施策に落とし込んだり、リピート率を上げるためになにが問題なのかをブランド関係者間で話し合っている頻度が非常に多いと感じます。それでは、リピート率が低いブランドは、なにが問題なのでしょうか？

ほとんどのブランドの方々は耳が痛い話かもしれませんが、リピート率が低い理由は、商品の品質や商品満足度に影響を受ける場合もありますが、顧客満足度を高めるためのブランドとしての取り組みや顧客に対する考え方に問題がある場合も多いと感じています。本節では、リピート率が低いブランドの共通点を3つの視点でまとめて、解説していきます。

リピート率が低いブランドの共通点①

リピート率が低い理由がブランド関係者間で共有されていないこと

ほぼ間違いなく、どのブランドの方々も「リピート率を上げたい」という気持ちは強く持っているものです。一方で、リピート率を上げるに際し「施策ベース」での会話が多く、メルマガや店舗内の企画などの施策は愚直に実行しているにもかかわらず、『リピート率がなぜ低いのか』という、根本的な問題を理解していないブランドが大変多いということも事実です。

　また『リピート率がなぜ低いのか？』という問いに対して、ブランド関係者でも見解がほとんど出て来ないというのが一般的です。さらに、今までECサイトで顧客に販売をしたことがないブランドではその傾向がより強くなります。なぜこのようなことになるのかというと「ある一定数は再購入してくれる」と思い込んでいることが原因ではないかと思っています。良い商品を作っているという自信があるからこそ、リピート率が低い現実を受け止められないといっても良いかと思います。

　前節でもお伝えした通り、リピート率は商品の満足度だけで数値が改善できるものではありません。商品の満足度はもちろんのこと、店舗としての接客のレベルや、商品ページの案内の仕方によっても、商品の満足度だけでなく、ブランドに対する満足度も大きく変わります。また、他の商品と比べて、ある一定の満足度を越えることができなければ、逆に期待外れだったという心象を与える可能性もあります。

　そして、顧客との関係構築もリピート施策には欠かせない要素です。顧客は常に違うブランドとあなたのブランドを比較し、どちらの満足度が高いのかを比べています。競合ブランドより、少しでも満足度を上げるためにブランドは何をすべきなのか、満足度が低下していそうな要素はどの部分なのかを、ブランド関係者で話すことがなによりも重要です。

　リピート率が低いからという理由で、ステップメールを改善したり、リピートプログラムを導入したり、割引の料率をあげたりと、「買わせる」ことにフォーカスした施策しか出てこない場合は、リピート施策の改善を考える上ではかなり危険信号といえるのです。

リピート率が低いブランドの共通点 ②

> リピート率が低い根本的な問題点を把握しないまま、
> リピート施策が行われていること

どのようなビジネスでも、まず必要なことは問題点を明確にすることです。問題点を明確にできれば、解決する打ち手を講じるという、非常に単純明快なアプローチになります。打ち手を講じた結果、仮に良い方向に向かわなかったとしても、問題点が明確になっているために、打ち手をブラッシュアップしていくだけで良いのです。

しかし言葉で言うのは非常に簡単ですが、問題点を明確にすることは非常に難しいことでもあります。よくある間違いとしては、本来本質的な問題まで掘り下げなければいけないものを、表面的な問題を本質的な問題として認識してしまうことがあります。これをやってしまうと、問題点が抽象的になってしまうことが多く、明確な打ち手を立案するときの妨げになるといった、最も厄介な状態に陥ります。

より本質的な問題を見つけるためには、表面的な問題に「なぜ」を繰り返し、より本質的な問題まで掘り下げなければいけません。多くのブランドが、この作業・過程がいつの間にか抜け落ちているケースが多く、根本的な問題を把握していないことが多いのです。

最初から精度の高い問題にたどり着くことはないでしょう。ただし、ブランド関係者間で問題を共有しあい、問題を掘り下げていくことができれば、確実に本質的な問題にたどり着きます。そして、本質的な問題の多くは「お客様にとってのNO.1ブランドになっていない」ということになると思います。どうすれば顧客にとってのNO.1ブランドになれるのか。それを徹底的にブランド間でディスカッションすることが、リピート率を上げる近道になると思います。

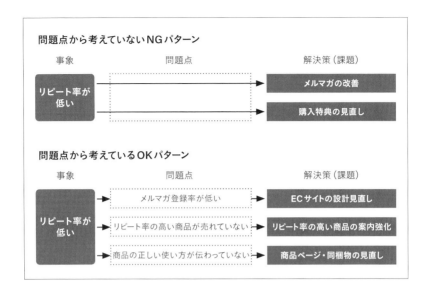

リピート率が低いブランドの共通点③

> そもそもリピート率が低い商品カテゴリーであること

　リピート率が低いブランドの共通点の3つ目が、そもそもリピート率が低い商品カテゴリーであるということが挙げられます。第5章でも述べているように、商材のカテゴリーによって消費者の年間の平均購入回数がほぼ決まっていることがほとんどです。さらに、低単価かつ、商品の特徴にあまり大きな違いがない商品カテゴリーであれば、リピート率が低くなる場合もあるのです。

　以下は、弊社クライアントの商材別のリピート率です。商材や新規顧客獲得数の規模によってリピート率は異なるため、一概にどのカテゴリーはリピート率が著しく低いということは言及できないのですが、どの商材も平均のリピート率は30%前後しかありません。そのため、この平均リピート率よりを大幅に改善しようとするのであれば、定期購入モデルやサブスクリプションのようなビジネスモデルに転換する必要があるということです。

・コスメ・化粧品：平均25〜35％
・健康食品・サプリメント：平均30〜40％
・アパレル・ファッション系：平均20〜30％

（※リピート率：初回購入数を母数に、初回購入から1年以内に再購入した顧客の割合で算出）

　また、第5章でもご紹介したように、年代によってもリピート率が大きく異なるため、女性向けのコスメジャンルでは特にリピート率が低い傾向があります。その理由としては、下記3点が挙げられます。

（1）友人との会話やSNSなどで、常に最新の商品や話題の商品の情報交換が頻繁に発生することで違うブランドを認知する機会が多い
（2）そもそもブランド数が多い上に、広告を使用しているブランドが多く、違うブランドを認知する機会が多い
（3）使用したタイミングごとに、肌のコンディションや気分によって、使用感の満足度・高揚感が変わる

　特に女性向けのコスメジャンルでは、定期購入モデルであろうとなかろうと、リピート率はどのカテゴリーよりも非常に低くなる傾向があります。それだけ、女性は新しい商品を試したいというマインドが強いのです。ただし、年齢が上がれば上がるほど様々な購買経験から「もう失敗したくない」という保守的な高行動を取るようになり、リピート率が上がる傾向が出てくるわけです。
　一方、男性向けのコスメではリピート率は逆に高くなります。理由は、前述の女性向けコスメのリピート率が低い理由であげた項目がすべて逆説的な状況になるからといえます。具体的には以下のようになります。

（1）友人との会話やSNSなどでの情報交換が発生しないため、違うブランドを認知する機会が少ない
（2）男性向けの媒体に広告を出そうとしても、そもそも男性コスメに興味がある消費者の絶対数が少ないため、積極的に広告を使用しているブランドが少ない
（3）コスメ関連のリテラシーがそもそも低いため、使用感の満足度を、他のブランドと比較する習慣がない

このようなこともあり、女性ブランドと男性ブランドでは、定期のリピート率が大きく異なります。それだけ、男性は比較対象が少なく、知人やSNSでの競合ブランドの刺激が少なく、知人とコスメ関連の情報交換をすることがまだ一般的ではないため、リピート率が高くなる傾向が強いといえるのです。

　次のデータは、同じヘアケアブランドに関する男女別の定期販売での継続率と解約率の比較データです。男性の新規顧客数は、女性の約2倍程度と多いのですが、1年後の定期購入の解約率が31%に留まっています。一方、女性に関しては、男性の約1.5倍にあたる45%という解約率になっています。同じブランドのため、リピート施策はほぼ同じ条件で実施しているにも関わらず、男女の違いだけで継続率が大きく変わることがここからもご理解いただけると思います。

同ブランド内の定期購入モデルの継続率・解約率を
女性商材・男性商材で比較したデータ

	新規顧客数	1年後		
		継続数	継続率	解約率
女性ヘアケア（定期のみ）	1,266	693	55%	45%
男性ヘアケア（定期のみ）	2,456	1,692	69%	31%

3 | リピート率が高いブランドは競合ブランドからブランドスイッチさせる力も強い

リピート率を上げるには、顧客満足度・ブランドロイヤリティ・顧客との関係性構築が欠かせないことを繰り返し述べてきましたが、本節ではリピート率が高いブランドは、競合ブランドからスイッチさせる力も強くなることを解説していきます。リピート率が高いことで、どのような恩恵が受けられるのか、一つ一つ整理していきたいと思います。

顧客満足度は接客によって大きく左右される

すべてのブランドが最も力を入れるべき要素は顧客満足度です。顧客満足度を高める上で避けて通れないのが、ブランドが消費者に対し接客するポイントにあたる、商品ページ上でのコミュニケーションを最適化することです。「商品の購入前」「購入後」「商品の使用」といった各ステップにおいて、どのような情報を消費者に与えるかにより、満足度は大きく異なります。

スキンケアブランドの店頭の接客では、実際に商品を使用しながら「こんな実感がありませんか?」や「使い続けることで、もっと効果を実感できるようになります」という会話を通じ「確かにこれを使用し続ければなりたい肌になれそう」というイメージを顧客に与えます。そうすれば購入後初めて使用したときに、高い満足度の中で商品を使用することができます。店頭での接客を通して顧客は商品の内容を体感しているため、ECサイトに比べて、非常に高いリピート率であることが一般的です。

顧客は自分よりも圧倒的な専門知識をもち、自分の悩みを解決してくれそうなブランドと出会うと、相当な高揚感に包まれるのだと思います。この高揚感や、期待感が、直接満足度に結びつくというのは、商品の良さを理解しているからといえるのです。そして、商品を使用しているときの高揚感や満足度が継続されればされるほど、再購入に結びつくといえます。

逆に、使用しているときの高揚感も少なく、満足度も低い商品は、当たり前ですが、他のブランドよりも優れていると判断できず、往々にしてリピート率が低くなります。

　ECサイトの接客は主に商品ページで行なう必要があります。商品ページで直接顧客満足度につながる内容としては、先ほど例に出したスキンケアブランドの店頭での接客を思い出すとわかりやすいです。消費者は、自分よりも圧倒的な専門的な情報を持った店員を“権威（スペシャリスト）”として認識できて、初めて信頼できる店員という認識になります。そのため、商品ページでも、同様に圧倒的な専門知識を持ったブランドであることをわかりやすく伝えることが必要になります。

　そして次に、その権威（スペシャリスト）が、自分の悩みに対する解決策や的確なアドバイスを提示することで、商品への期待値が上がるようになります。つまり、商品ページでも同様に、消費者が解決したいことを明確に打ち出すことが重要になります。この商品が、どのような人のどのような悩みを解決する商品なのか、どのような特徴があるのか、自分にぴったりなのかどうか、様々な角度で商品の良さを伝える必要があるのです。

　店頭では美容部員によって圧倒的な情報量でお客様を接客しています。ですが情報量は単に多ければ良いというものでもありません。消費者も自分が欲しい情報だけを得たいと思っているのが当たり前です。しかし、店頭の店員は、専門的な情報の量という点がポイントです。顧客が知らなかった情報を店員が持っていると、“権威に対する服従の効果”が生じます。

　だからこそ、ECサイトでも同じようなコミュニケーションが重要になります。購入を検討中の消費者に、どのような情報を与えればより購入意思が上がるのか、考えだしたらきりがないくらい、アイデアは膨らみます。大事なことは、購入意思が上がるであろう情報を、ブランド関係者間でリスト化し、優先順位を付けることです。そして、それをもとに店頭の接客に近い情報量をわかりやすくECサイトでも実装し、接客してあげることなのです。

コスメブランドのECサイトには、よく商品の使い方が掲載されています。私が多くのブランドをコンサルティングさせていただく中で、使い方のコンテンツを魅力的に見せようとしているブランドは非常に少ないと感じています。同時に、多くのブランドは非常にもったいないことをしていると強く思っています。

　商品の使い方のコンテンツを見ている消費者は、ほぼ間違いなく購入意思が高い消費者です。そのような"もうすぐ買いそうな消費者"に、ごく一般的な使い方をシンプルな情報提供だけで済ませて良いのでしょうか？おそらく、店頭での接客では、「もっとこうしたらより効果を実感できますよ」などのように、このブランドの店員だからこそ教えられる効果的な使い方を伝えているでしょう。このような専門的な情報により、消費者は商品に対しての期待感を高めることができるのです。

　今は美容部員がECサイトに登場して、それぞれの美容部員のレビューを掲載する事例も非常に多くなっています。消費者が知りたいのは、一般的な情報ではなく、そのブランドでしか手に入らない情報を求めているのです。そして、それらの専門的な情報が購入意思に結びつく接客は店頭ではできているものの、ECサイトで展開されていないことが多いのです。

　余談ですが、店頭の接客はほぼマニュアルが存在しています。であるにも関わらず、ECサイトで接客のマニュアルを作成しているブランドはほぼ存在していません。今後、ますますブランド選考ための情報源がネットなどのデジタル情報に移り変わっていくことは、誰しもが想像できるでしょう。より一層、ECサイトでの接客を見直すきっかけになってくれたらと強く思います。

使用後に満足度が下がらない工夫も必要

　例えばコスメブランドの場合、商品使用後に「どれくらいのタイミングで効果が出始めるのか」を教えてあげることは、顧客満足度を上げるうえで非常に有効だといえます。現在は薬機法の観点で直接的な効果の言及は困難な場合が多いですが、アンケートをベースにどのくらいの期間で効果

を実感したのか、初めての使用でどのような効果を実感したのかを、一般的な統計で表現することは薬機法の観点からもほとんどの商品で実現が可能です。

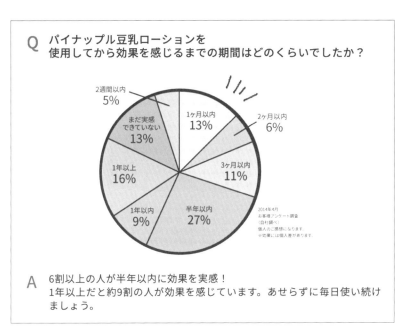

出典：Suzuki Herb Laboratory　パイナップル豆乳シリーズ ケウススタディ　vol.1より
　　　（https://s-herb.com/pineapple_soymilk/keustudy/1.html）

　顧客満足度を上げるためには、商品購入前のフェーズのみならず、商品購入後のフェーズでも接客できるすべてのタッチポイントで、期待値や満足度を下げない工夫が必要になります。購入後のサンクスメールや商品発送メール、同梱物での接客は満足度を上げるために非常に重要なポイントになります。消費者は商品購入時が最も商品に対する期待値が高いため、いかに商品購入から商品使用までの間で、この期待値を下げない状態を作れるかが重要ということです。

ブランドロイヤリティを高めることで得られるメリット

　ブランドロイヤリティとは、顧客の特定のブランドに対する忠誠心（愛着）を指します。ブランドに対する忠誠心（愛着）が高い顧客は、ブランドからの新商品や企画の案内に積極的に反応してくれるため、ブランドロイヤリティを高めることで、顧客のファン化につながり、結果的にリピート率向上に繋がります。そして、ブランドロイヤリティを高める最大のメリットは、ブランドロイヤリティの高い顧客が、「新しいお客様を連れてきてくれる可能性が高い」という点です。

　というのも、ブランドロイヤリティの高い顧客はポジティブなレビューを発信してくれることが多く、その結果、好意的なレビューが多く蓄積され、新規獲得にプラスの影響をもたらす状況が形成されるからです。レビューの有無で購入率は大きく変わることは、第1章でもお伝えした通りですが、レビューの蓄積による恩恵は、計り知れないものがあります。

　また、レビュー件数は商品を販売している限り半永久的に蓄積が可能なため、競合ブランドと比較されやすいブランドであれば、レビュー件数を増やす施策が確実に重要になります。

　次のデータは、私が支援しているブランドのレビュー件数とCVR（購入率）の推移です。グラフの通り、2019年の年末から2020年の年始にかけてレビュー件数が大幅に増加しています。それまでの間、CVRは概ね右肩上がりではあるものの、上昇下落が入り混じっていました。しかしレビュー件数が1,500を超えて以降は安定的にCVRが上昇しています。消費者はレビュー件数が多いほど良い商品であると理解し、同時にそれが社会的証明の後ろ盾となり、安心して商品を購入できる状況を作り出しています。

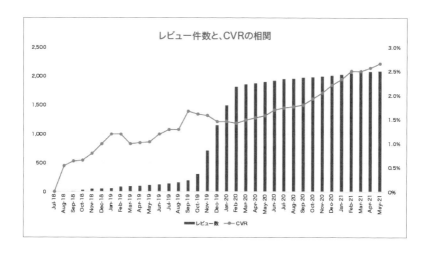

レビュー件数と、CVRの相関

　レビュー投稿自体は購入顧客によって生成されたコンテンツ（UGC：User Generated Content）ですが、ブランドロイヤリティが高い顧客はレビュー以外にSNSによる投稿も積極的です。ブランドロイヤリティが高い顧客は、商品を体験した感動を他人と共有しようとしてくれるために、より上質なコンテンツがSNS上で発信されます。

　そして、その投稿を見た消費者がECサイトを訪問し、圧倒的なレビュー件数などの社会的証明となる情報を参考に、商品の購入を検討してくれるという好循環が自動的に作り上げられます。

　さらに副次的なメリットとして、ブランド側が売り出したい新商品について、ブランドロイヤリティが高い顧客が、販売実績の初速を上げる役割を担う点も挙げられます。どのようなブランドの新商品でも、レビュー件数が少なく認知も少ない段階で売上を上げることは容易ではありません。しかしここでブランドロイヤリティが高い顧客は恩恵をもたらします。

　というのも、そのような顧客はブランド側から新商品を案内した際に積極的に購入する場合が多く、その時にクーポンなどの発行と併せ新商品のレビュー記入特典を用意することで、レビューを投稿してくれます。つまり少ないコストで質の高い多くのレビューを集めることが可能になります。

コストを掛けずにレビューを集めることができれば、その後の広告費用対効果への好影響も期待できます。ブランドロイヤリティを数値化することは難しいのですが、レビュー記入率やリピート率の状況で、ブランドロイヤリティの高まりをチェックすることはできます。完璧な数値化は困難だとしても、目標はブランドロイヤリティを高めることですので、ブランド関係者によるロイヤリティの可視化は重要だといえます。

顧客との関係性構築で得られるメリットは顧客母数の最大化

最後に、顧客との関係性構築によって得られるメリットについて解説します。結論から言うと、そのメリットとは、ブランドがアプローチできる顧客母数の最大化です。

顧客との関係性構築の具体的なアクションは、メルマガやSNS、会員プログラムなどです。これらのアクションを地道に継続することで、ペースの速さ／遅さはあるでしょうが自社ブランドの顧客の母数は増加します。ブランド側から新商品の発表やセールの通知など、顧客に対し何らかの情報発信を行うシーンは多いと思います。その際、受け取る顧客の母数が多ければ多いほど、発信情報に反応する顧客数も多くなりやすいことは容易に理解できるでしょう。

ブランドロイヤリティを高めることがどれだけ重要なのかは、様々な書籍やWeb媒体でも取り上げられているため、ブランド担当者は、その必要性を理解している人も多いかと思います。ただし、その必要性を理解しつつ、一方でメルマガ登録率やSNSアカウントのフォロー率に無頓着といったように、顧客との関係性構築に対する取り組みを事実上軽視しているブランドは非常に多いのが現状です。

顧客の母数を多くする好例に、メルマガ登録があります。第5章でも紹介しましたが、メルマガ登録の有無だけでリピート率が大きく変わるほど、メルマガ登録は重要です。メルマガの登録率について言うと、弊社のクライアントは平均40％程度と高くありません。参考までに弊社は自身のD2C事業によってブランドを展開しているのですが、顧客のメルマガ登録率は

60-70％程度です。

　メルマガ登録率は競合平均で40％ということを考えると、当社が運営するブランドに関しては、平均より20％も多くのお客様に対してブランドからアプローチしており、売上拡大の要因の1つともいえます。当事業に関わる弊社スタッフ全員がメルマガ登録率の重要性を理解していますが、今後もメルマガ登録率をさらに改善していく予定です。

　今後、どのブランドでも競合ブランドとの競争の中で、新商品を打ち出さなければいけない瞬間が必ず発生します。そのときに勝負を分けるものは、そのブランドに愛着を持つ顧客の母数であり、ブランドからアプローチができる顧客の母数なのです。一人でも多くの顧客との関係構築を行うことが、ブランド繁栄に大きく差を生むことをブランド間の共通認識としていただきたいと強く思います。

4 | ブランドスイッチを防ぐために
ブランドが考えるべきこと

多くのブランドが「買わせる」ことにフォーカスしたリピート施策を展開していることが、リピート率が上がらない根本的な問題だと述べてきました。また、第6章でまとめている通り、リピート施策と似ているようで全く違う「ブランドスイッチを防ぐ施策」は、顧客にNO.1ブランドだと思わせる取り組みだと述べてきました。顧客は自分にとって圧倒的な「NO.1ブランド」が存在すれば、ブランドスイッチすることは少ないといえます。しかしそうでなければ、ブランドスイッチを繰り返すでしょう。

要するに、顧客にとっての「NO.1ブランド」になることができれば、再購入してくれる可能性が上がります。仮に顧客が次の購入時には違うブランドを購入したとしても、どこかのタイミングで再度購入してくれる可能性は高くなります。反対に、顧客にとっての「NO.1ブランド」になることができなければ再購入の可能性はぐっと下がってしまうということです。

本節では、顧客にNO.1ブランドだと思わせる取り組みの具体例を出しながら、ブランドが取り組まなければいけない内容をまとめていきます。よりイメージしやすいように、消費者のマインドを、次の図のようなイメージとして用意をしました。

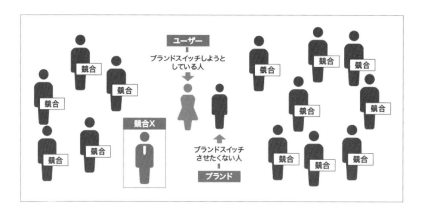

ここでは、消費者を「女性」とし、恋人を「愛用ブランド」と設定して考えてみましょう。周りには多くの競合ブランドが存在しているとしたときに、「愛用ブランド」がどのようなアプローチをすればブランドスイッチを防ぐことができるのかを考えてみましょう（この図の世界では、「浮気はだめ」という道徳観は存在しないという前提で読み進めてください）。ブランドスイッチを防ぐには、主に下記の3つのアプローチが有効です。

社会的証明を使い他者からも支持されている事実を作る

　例えば消費者である女性が、違う恋人（＝競合ブランド）を見つけようとしているときに、今の恋人のスペックが圧倒的にNO.1であることが分かれば、無茶な冒険を踏みとどまる可能性が高くなるはずです。さらに、今の恋人の男性から、満足度を高めるようなロマンチックなデートに誘われたら、より魅力的な恋人だと思うでしょう。

　現実世界に話を戻しますが、これはブランドでも同じことがいえます。消費者は、多くの方々から支持されているブランドをより評価しやすく、自分が満足していればいるほど自己肯定感が上がり、結果的に好意度が増していきます。さらに、その社会的証明として多くの方々から支持されている情報が適宜更新されていると、よりブランドへの好意度は増します。このように、自分以外の消費者から支持され続けている状況を作ることが、最もブランドスイッチを防ぐ有効な手段になり得ます。

　先程の図と重ね合わせて欲しいのですが、恋人である愛用ブランドが自分にとってのNO.1ブランドであったとしても、翌年に競合Xが社会的証明を使って最も他人から支持されているブランドになっていたら、消費者の女性はどのような行動を取るでしょうか？　実生活では恋人は特別な存在であり浮気はまずないと思いますが、NO.1ブランドを試したくなる方がほとんどなのではないでしょうか。それだけ、みんなから支持されているかどうかは消費者のブランド選定に多大な影響を及ぼします。

　まずあなたのブランドが取り組まなければいけないことは、いかに自分たちのブランドがみんなに支持されているのかをアピールすることであり、い

かに長い間、顧客に支持されているかをしっかりと伝え続けることです。そして、それが誇張した情報であれば消費者はその違和感を確実に汲み取り、そのブランドへの信頼は減少していくでしょう。嘘はどこかで気づかれてしまうのです。一人でも多くの顧客に支持されている状況を作り出すことが、ブランドスイッチを防ぐ根本的な打ち手であり、最も重要な課題です。

影響力のある人物からの "推し" をもらう

　どのようなブランドも、広告やインフルエンサー施策を使って、社会的証明にあたる「売れている感」を訴求することを大事にしています。よって、競合ブランドとは違う切り口で「NO.1訴求」を展開したり、「売れている感」をアピール訴求しています。このような状況が続ければ、次第に社会的証明の影響力は薄れてきます。実際に消費者も見慣れてしまっているため、見せ方を工夫できなければ、効果が少なくなっているのが現状です。

　人間関係もビジネスも同様ですが、影響力のある人からの推薦、いわゆる "推し" があるかどうかで、そのブランドに対する印象は大きく変わります。特にインフルエンサーを活用するマーケティングにおいては、そのインフルエンサーの熱のこもったおすすめ商品と、あまり熱のこもっていないおすすめ商品では、売上への影響が格段に異なり、何十倍も差が出ることがあります。

　今の消費者は、インフルエンサーが紹介しているだけで商品を良いと判断することはほぼしません。さらにインフルエンサーも、自分をフォローしてくれているファンを裏切るような情報発信をすることはなく、本当に良い商品だけを本気で紹介するのが今では常識になっています。そのため、あなたのブランドがブランドスイッチを防ぐためには、影響力の高いインフルエンサーから、高い評価をもらい続けることも有効だといえます。

　ただし、この施策を意図的に実施することは非常に難しく、できたとしても多大な広告費がかかる場合もあります。すべてのブランドで応用できるものではないですが、一ついえることは影響力のある他者からの評価は確

実にポジティブな印象を与えるということです。

ブランドスイッチを防ぐためには、より満足度をあげることが重要

　ブランドスイッチを防ぐための最後のアプローチも、やはり「満足度を上げる」ということです。特に成長途中のブランドであれば、大きな広告費を使うことができないため、より満足度を上げることが重要になります。いくら他者の支持や推薦があったとしても、最終的に消費者は「好きか嫌いか」という自分の主観を大切にしています。だからこそ、成長途中のブランドであればあるほど、消費者に好かれるような接客や、コミュニケーションを展開しなければいけないのです。

　恋愛においても、ビジネスにおいても、結局は好きか嫌いかで、私たちの意思は大きく左右されます。気持ちのこもった手紙を貰えれば、確実に好印象を与えることができるのと同様で、商品ページ1つをとっても、常に情報が更新されて、少しでも多くのお客様に使ってもらいたいという熱い熱意が伝われば、確実に顧客にとって好印象になるものです。

　そして、顧客との関係性を構築し、リピート顧客だけの特別なクーポンをプレゼントするような取り組みができれば、ただの割引によるリピート施策ではなく、より満足度をあげるための施策になるのです。買わせようとしているのか、より満足させようとしているのか、接客の内容次第で確実にリピート率などの数値に変化が生まれます。

　お客様に真摯に向きあい、お客様が喜ぶサービスや接客を実施することで、より多くの満足度を顧客は感じ取ってくれるはずです。多くのブランドが満足度を上げる施策をやりきれていない状況だからこそ、どのブランドにも満足度を飛躍させるチャンスが存在しているといえるのです。

5 | 第6章まとめ

① 一般的な「リピート施策」の定義では、「リピート顧客を増やす取り組み」を指し、ステップメールなどのメルマガや、次回の購入特典を用意するなどのリピートプログラムを実施するなど、「買わせること」にフォーカスした施策内容になっている。本来、顧客に届けるべき情報は、割引などの案内ではなく、商品の良さや、より満足できる商品の使い方などの、顧客が選択した商品が、間違いなく良い商品だと感じてもらうための情報が最適であり、同時に顧客は、自分が選んだ商品だからこそ、より満足度を高めたいと思っている。

② リピート率が高いブランドは「顧客満足度向上施策」「ブランドロイヤリティ向上施策」「顧客との関係性構築施策」を重要視している一方、リピート率が低いブランドは、次の3要素が関係している。1点目は『リピート率が低い理由についてブランド関係者間で共有されていないこと』。2点目は『リピート率が低い根本的な問題点を把握しないまま、リピート施策が行われていること』。3点目は、『そもそもリピート率が低いカテゴリーであること』。リピート率が低いからという理由で、ステップメールを改善したり、リピートプログラムを導入したり、割引の料率を上げたりと、「買わせる」ことにフォーカスした施策だけでリピート率の改善を考えている状態は、かなり危険信号といえる。

③ 顧客満足度を高める上で避けては通れないのが、『ブランドが消費者に接客するポイントにあたる、商品ページ上でのコミュニケーション』の最適化であり、「商品の購入前」「購入後」「商品を使用」するまでに、どのような情報を消費者に与えておくかによって、満足度は大きく異なる。一般的に、店頭とECサイトのリピート率では、同ブランドだとしても、店頭の方がリピート率が高い傾向がある。同じ商品を購入しているのにも関わらず、大きくリピート率が変わるのは、

紛れもなく商品購入時に与えられる情報量の違いや接客を通して感じた高揚感である。

また、満足度が高い顧客は、ブランドロイヤリティも高い場合がある。ブランドロイヤリティを高める最大のメリットは、ブランドロイヤリティが高い顧客によって、新しいお客様を獲得してくれる可能性が高い点である。最もわかりやすい例では、既存顧客によるレビュー記入によって新規顧客が買いやすい売り場を作り上げてくれる、ということが挙げられる。

④「ブランドスイッチを防ぐ施策」は、リピート施策と似ているようで全く異なり、顧客にNO.1ブランドだと思わせる取り組みである。みんなから支持されているかどうかは、消費者のブランド選定に多大な影響を及ぼすため、いかに自分たちのブランドが他者に支持されているのかをアピールすることや、いかに長期間顧客に支持されているかをしっかりと伝え続けることが大事である。また、顧客にNO.1ブランドだと思わせるためには、満足度を上げることを同時にしていかなければいけないため、お客様に真摯に向きあい、お客様が喜ぶサービスや接客を実施することが非常に重要である。

第**7**章

成功するブランドの考え方

1 | ブランディングが上手なブランドは、マーケティングも上手

　本書は、消費者を自社ブランドにスイッチさせるにはどうすれば良いのか、またその反対に自社の顧客のブランドスイッチを防ぐにはどうすれば良いのかが主題です。ブランドスイッチさせることができるブランド、すなわち新規顧客を多く獲得しているブランドは、リピート率も高く、ブランドスイッチされにくいブランドが多いということも述べてきました。それでは、成功しているブランドと、成功していないブランドではどのような違いがあるのでしょうか？

　ブランドの取り組み内容は大きく分けて、ブランディングとマーケティングに分けられます。しかしながら、この2つの用語はマーケティング業界でよく使われているにも関わらず、人それぞれで定義が異なります。そこで、まずは用語の定義を整理します。この2つの用語は一般的な辞書ではこのように定義されています。

● ブランディング
顧客や消費者にとって価値のあるブランドを構築するための活動。ブランドの特徴や競合する企業・製品との違いを明確に提示することで、顧客や消費者の関心を高め、購買を促進することを目的とする。消費者との信頼関係を深めることで、ブランドの訴求力が向上し、競合他社に対して優位に立つことができる。

● マーケティング
マーケティングとは、企業活動における「売れる仕組みの構築」に関する活動の総称である。市場と顧客の需要を明確にし、それに基づき商品を作り、商品の存在を広く知らせつつ需要を喚起し、そして顧客の需要を満たし、最終的に自社の利益にも繋げる、といった一連の戦略的な企業活動の総体である。

辞書や人によって定義が少し異なりますが、わかりやすく言うと、ブランディングは「価値やイメージを高めること」、それに対してマーケティングは「モノを売るための活動」です。ブランディングが上手であればモノが売りやすいと言われますが、もう少し噛み砕いて説明すると「ブランドの価値やイメージを高めることができれば、ブランド自体の好意度が上がりやすくなり、結果的にマーケティングしやすい状況が作れ、モノが売りやすくなる」ということです。

　ブランディングとマーケティングの違いをより深く理解するために、次の図をご覧ください。

左側がマーケティングのイメージで、ブランド側からの情報として「この商品はとても優れています」と、消費者に伝えています。一方、右側のブランディングのイメージでは、消費者側が「この商品はとても優れている」と認識しています。この図からも分かる通り、ブランディングとマーケティングの違いは、マーケティングは情報を配信するブランド側が直接伝えるメッセージであり、ブランディングは情報を受け取った消費者側が自主的に感じる印象とも説明できます。

さらに、ブランディングは同じ施策を実施しても、消費者ごとに抱く印象

が異なり、その結果商品やサービスに対する好意度が異なることもポイントです。マーケティングを通じブランド側からどのようなメッセージを伝えられたとしても、消費者はそもそも興味すら持たないことが多いでしょう。だからこそ、マーケティング手法にこだわるのではなく、ブランディングを通して、何を消費者に感じてもらうことができるかにフォーカスを当てたほうが、マーケティングの効率は確実にアップしていきます。

先の図では、マーケティングはブランドからのメッセージであるとしていますが、広告やインフルエンサーなどの第三者からの情報発信もマーケティングに含まれるため、だれが情報を発信するかの違いもあります。あくまでもブランディングは、消費者側の印象でしかありません。広告であろうと、インフルエンサーなどを活用したPRであろうと、口コミであろうと、すべてはブランドからのメッセージを、消費者がどのように解釈するかによって決まります。

そのブランドに対して消費者の好意度が上がるのであれば、そのブランドを消費者が選ぶ可能性が上がり、ブランディングができたと解釈できます。つまり、成功しているマーケティングとは、そのブランドを消費者に選んでもらえると同時に、消費者のブランドに対する好意度を上げる取り組みだと理解できます。ブランドからのメッセージ、第三者からのメッセージ、広告によるメッセージに統一感があれば、よりブランドに対する信頼感が上がり、そのことがブランドの好意度上昇につながります。

仮に、自社ブランドの現状の売上に満足していないのであれば、まずは消費者がどう感じているのかを理解することから始めるべきです。消費者であるお客様が、なぜブランドに対しての好意度を上げてくれないのか？この問題を見つけ、問題を解決できるマーケティングを実施できれば、確実に今以上に消費者にポジティブな印象を抱いてもらえる可能性は上がり、新規獲得、リピート顧客化の促進に結果的に繋がるようになっていきます。

また、ブランディングに成功しているブランドの場合、マーケティングなどの活動を通して、より多くの消費者がそのブランドに対する価値や好意度

を、ある意味自発的に上げてくれている状態になっています。例えるなら
ば、これは顧客ロイヤリティの高いブランドのファンが『自走』している状
態といえるでしょう。

『自走』しているからこそ、ブランドを支持してくれる消費者を自動的に見
つけてくれたり、新しいお客様を連れてきてくる役割も担ってくれるので
す。ブランディングが上手なブランドは、マーケティングも上手であり、お
客様からも支持される状態を作り上げているため、よりモノが売りやすくな
るのです。

2 ブランドを構成する3つの要素

　前節では、ブランディングとマーケティングの違いを解説しながら、成功しているマーケティングがどういうものなのか、成功しているブランディングがどういうものなのかを解説しました。本節では、「ブランド」という馴染みがありながらも、定義が人それぞれ違う言葉の解像度を上げていきます。さらに、ブランドを構成する要素を細分化することで、自分たちのブランドに何が足りないのか？　何が優れているのかなどの理解を深めていただければ幸いです。

①「良いブランド」とはなにか？

　一般的な辞書では、ブランドは以下のように説明されています。

> 銘柄。商標。特に高級品として有名な商品と、その商標。「デザイナーズ―」「―品」

　ブランドを、銘柄や商標といった内容で理解している人が圧倒的に多数なのではないかと思います。辞書の説明だけでは、「ブランド」という言葉の解像度が上がらないため、より深く理解するために、特定のブランドを思い浮かべて、次の問いについての見解を考えてみてください。

　あなたがそのブランドの関係者であれば、そのブランドをどのようなブランドとして認識しているでしょうか？
　また、あなたがそのブランドの消費者であれば、そのブランドを、どのようなブランドとして認識しているでしょうか？

ブランドをどのように認識するかは、一人ひとり異なります。特定のブランド担当者が「私たちのブランドはこういうブランドだ」と認識していたとしても、消費者が同じ認識になるとは限らず、ほとんどの場合、消費者は全く異なるブランドのイメージを持っています。更にいうと、初めて認知した商品であればあるほど、消費者は無関心の状態からスタートするため、ブランドのイメージすらなにも持っていないことが多いです。

　では、「"良いブランド"とはなにか？」と聞かれた場合は、あなたはどう回答するでしょうか？　良い商品を提供していれば、良いブランドなのでしょうか？　お客様がいっぱいいれば、良いブランドなのでしょうか？　これもまた、一人ひとり異なるはずです。ただし、詰まるところ、"良いブランド"という認識は、消費者である私たちが"良いブランド"と解釈しているものということです。

　同じブランドでも、"良いブランド"だと思っている人もいれば、"悪いブランド"だと思っている人もいます。"何も感じていない"人だっているでしょう。人によって、どのようなブランドに対しても、大きく分けて「良いブランド（好き）」・「悪いブランド（嫌い）」・「何も感じていない」の3つに分類できます。"ブランド"という知覚は何かしらの構造から成り立っていて、何かしらの要素がトリガーになり、「好きか」、「嫌いか」、「どちらでもない」を決めているといえます。

② "ブランド"の正体は、3つの機能に分類できる

"ブランド"という言葉を構造分解する上で、非常に参考になる書籍が『ブランド戦略論』（田中洋 著、有斐閣 出版）です。この書籍では、ブランドが次の3つから成り立つということを述べています。この理論を拝借しつつ、私の見解を踏まえて、解説していきます。

(1) 認知的機能

　多数のブランドがある中で、どのブランドが自分に必要なブランドなの

かを判断するための手がかりになるものが、認知的機能に分類されます。自分が初めて買うカテゴリーであれば、どの基準でブランドを選べば良いのかわからないため、知っているブランドから選んだりすることもあります。

また、価格が安いだけで、自分が求めている商品ではないと判断したりすることも、ブランドを判断する手がかりになり得ます。同じような内容でいえば、私たちはレビューの件数や、SNSの"いいね"の数やコメント数といった数値を手がかりに、自分に必要なブランドを選んだりしているのも、認知的機能の一種といえます。

(2) 感情的機能

「感情」「情緒」反応を起こさせる情緒的な働きをするものが、感情的機能に分類されます。ブランドを思い浮かべたときに、好きか嫌いかを判断するための手がかりとしているものです。また、ブランドの商品ページや、ブランドの広告を見たときに、ポジティブな感情になれるのか、ネガティブな感情になるのかも、この感情的機能によって左右されます。

前述の認知的機能で紹介した、レビュー件数やSNSの"いいね"の数に関しても、数値を認知したあとに感情が動けば、感情的機能の一種ともいえます。

(3) 想像的機能

「ストーリー性」や「意味」を誘発させることで、ブランドに強く惹かれるような働きをするものが、想像的機能に分類されます。消費者がブランド独自の世界観やストーリーに対して、ポジティブな印象をもたらすのか、ネガティブな印象をもたらすのかを決定するのが、この想像的機能です。例えば、ブランドの価値観や想いに共感したり、商品購入後にどのような快感情が生まれるのかを想像することなどが挙げられます。

以上のように、消費者は、この3つの構成要素から自分独自のフィルターを通して、ブランドに対する印象を決めています。つまり、認知的機能・

感情的機能・想像的機能は互いに結びついていて、消費者は、この3つの構成要素から、ブランドを選択する際の意思決定を効率化しており、ポジティブな感情やネガティブな感情を誘発させ、すべての要素を統合して発生する想像力を頼りに、ブランドを選んでいるといえます。より理解が深まるように、具体例を挙げてみましょう。

あなたは、普段5万円以上の腕時計をしています。ある日、デザインが魅力的な腕時計を見つけ、自分好みの見た目でもあったので、欲しいという感情が生まれました。しかし、商品ページを覗くと、価格が7,000円という低単価であり、自分が全く知らないブランドであったため、少しネガティブな感情が生まれました。しかしながら非常に魅力的なデザインであったため、自分がその腕時計をしている様子を想像します。想像の中では、かっこいい腕時計が友人に褒められています。

「なにこの腕時計、めっちゃかっこいいね！ なんてブランド？」ブランドを尋ねられて、困惑する自分がいます。ブランドを教えることで、価格が知られてしまう恐れと、とても安い腕時計を身に着けている人と思われてしまうという不安から、ネガティブな感情が押し寄せます。結局、ネガティブな印象は払拭できず、あなたは購入に至りませんでした。

上記の例では、魅力的なデザインの腕時計を見つけたタイミングまでは、感情的機能により、ポジティブな印象でしたが、価格やブランド名を知った途端、認知的機能によりネガティブな印象が働き、感情的機能も、ネガティブに変換されています。

そして、想像的機能により情報が統合され、そのブランドはネガティブな印象で終わっています。すなわち、この例でいえば、このブランドは「嫌い」に分類されてしまったということです。

このように、消費者はブランドを選択する際に、ポジティブになったりネ

ガティブになったりを繰り返し、自分が納得したものを選択します。いくら感情的機能・想像的機能がポジティブに働いたとしても、商品のレビュー評価が極端に低いことを知ると、認知的機能がネガティブに働いてしまい、ブランドの選択をやめてしまう可能性が出てくるわけです。

　人気のブランドは、この3つの構成要素がどれも欠けることなく優れているブランドがほとんどです。一方人気がないブランドは、この3つのうち、どれかが欠けているか、またはすべて欠けている状態であるといえます。消費者がどの情報でネガティブになり、どの情報でポジティブになるのかを理解することが、この3つの構成要素を秀逸なものに改善する、すなわち「良いブランド」になるために必要不可欠なのです。

　「良いブランド」はあくまでも消費者が決めることです。ただし「良いブランド」だと思わせること自体は、ブランドの努力や取り組みの結果だといえるため、すべてのブランドに平等にチャンスがあるのです。

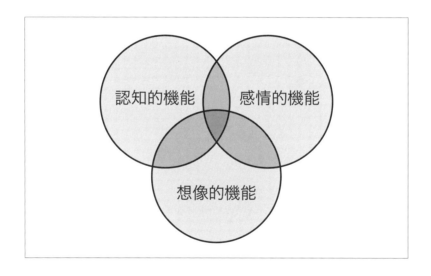

3 | 成功しているブランドの共通点

　少し遠回りになってしまいましたが、良いブランドがどのようなものなのかを前節で把握できたと思います。本節では、成功しているブランドにはどのような共通点があるのかを解説していきます。

　前節でもお伝えした通り、ブランドの価値を決めるのは、あくまでも消費者です。どれだけ人気なブランドであっても、ある消費者からは嫌いと判断されたりすることもあり、人気があるから良いブランドという認識になる人もいれば、ならない人もいるというのがブランドというものです。それでは、成功しているブランドは他のブランドと何が異なるのでしょうか？

　本書で伝えてきた内容を踏まえて、成功しているブランドの共通点は以下の8つの項目にまとめることができます。

① "これさえ伝われば買ってくれる" という強い信念を持ち、その信念がブランド関係者間で共有されている
② ブランドコンセプトがわかりやすく、シンプルである
③ ブランドを構成する3つの機能が優れている
④ ブランドを認知・支持してくれる消費者を、自らのマーケティングで集めることができる
⑤ モノを売るだけでなく、ブランド価値があがり、ブランドがより支持されるように設計されたマーケティングを行っている
⑥ マーケティングの結果、ブランディングにも好影響を与えている
⑦ ブランディングに好影響を与えるマーケティングの結果、顧客満足度・ロイヤリティが高い
⑧ マーケティングとブランディングの両軸でブランドを大きくしようとするため、ファンを増やし続けている

> ● 成功しているブランドの共通点 ①
> "これさえ伝われば買ってくれる" という強い信念を持ち、その信念がブランド関係者間で共有されている

第2章でもお伝えしたように、明確なターゲットを決めることで、そのターゲットに対してのメッセージが洗練され、ターゲットに届きやすく刺さりやすくなります。ブランドの想いや信念がメッセージとして伝われば、消費者から選ばれやすくなる状況を作り上げることができます。

そして、消費者に届けるメッセージを繰り返し改善することができれば、ターゲットである消費者に "何を伝えたら買ってくれる" のかについての答えが、ブランド関係者間で共通認識として生まれていきます。売れているブランドは、ほとんどのブランドの担当者がなぜ売れているのか自信を持って話してくれる傾向が非常に強いです。

すべてのブランドで同じことがいえますが、"これさえ伝われば買ってくれる" という自信が、ブランド全体の信念に変わり、その信念こそが、消費者に感じ取れる熱量のあるメッセージに変換され、より多くの消費者に選ばれるブランドになるのだと思います。

> ● 成功しているブランドの共通点 ②
> ブランドコンセプトがわかりやすく、シンプルである

消費者のほとんどは、商品ページに掲載されている情報のほんの一部しか見ないのが当たり前です。かつファーストビューでの離脱率は、平均で80％程度と、ほとんどの消費者が最初に表示された情報を基に、時間を使って閲覧すべきかどうかを一瞬で判断しています。もしブランドコンセプトが複雑であれば、ターゲットの消費者を頑張って集めてきても、限られた時間でメッセージを届けることは至難の業です。だからこそ、ブランドコ

ンセプトやブランドの特徴は、一瞬でわかるようにしなければなりません。

　また、一瞬で伝わるように工夫すれば、ブランドの名前や特徴を覚えて
くれるきっかけになります。シンプルに伝達ができるブランドコンセプトは、
口コミの伝達スピードが確実に早いです。ただ単に短くするのではなく、
たとえば消費者に植え付けたいメッセージを思い切って一つに絞ったり、ファ
ーストビューでの見せ方を工夫するといったことは非常に重要です。

●成功しているブランドの共通点③
ブランドを構成する3つの機能が優れている

　前節でも述べていますが、消費者がブランドの印象を決めるための機能
は、認知的機能、感情的機能、想像的機能の3つに分解できます。この3
つの機能は互いに結びついていて、消費者は、この3つの構成要素からブ
ランドを選択する際の意思決定を効率化しています。

　ブランドは消費者のポジティブな感情やネガティブな感情を誘発させま
す。その上で消費者はすべての要素を統合して発生する想像力を頼りに、
ブランドを選んでいます。人気のブランドは、この3つの構成要素がどれ
も欠けることなく優れているブランドがほとんどあり、反対に人気がないブ
ランドは、この3つのうち、どれかが欠けているか、またはすべて欠けてい
る状態であるといえます。

●成功しているブランドの共通点④
ブランドを認知・支持してくれる消費者を、自らのマーケティン
グで集めることができる

成功しているブランドは、ターゲットが明確であり、支持してくれる消費者
の解像度が高いため、どこにターゲットが存在しているかのような予測や

仮説が非常に優れているといえます。また、予測や仮説の精度が高いため、広告費を投下する場所が決まれば、時に莫大な広告費をかけてマーケティングを行ったりします。

そして、消費者の動向を分析・検証しながら、より自分たちの予測や仮説の精度を上げていくことを繰り返し行っています。反対に、ターゲットの解像度が低く、予測や仮説も不十分なために、ターゲットがどこにいるかの手がかりを持たないブランドは、時に博打に近い広告を展開してしまうことがあります。その場合結果が出ることは非常に稀で、さらにゼロベースから良し悪しを判断しなければいけないため、時間もコストも多大にかかってしまうのです。

> ● 成功しているブランドの共通点⑤
> モノを売るだけでなく、ブランド価値があがり、ブランドがより支持されるように設計されたマーケティングを行っている

消費者は、レビュー件数やSNSの投稿数や"いいね"の数など、ありとあらゆる情報を手がかりに、特定のブランドに対する印象を決めていきます。秀逸なマーケティングはモノを売りつつ、消費者がよりポジティブな感情を抱くように、ゴールから逆算した設計で展開されています。

さらに、社会的証明につながる、より多くのお客様から選ばれている状況を作り出すことで、新規獲得や再購入の促進につなげ、"売れている"状況を作り出し、顧客のブランド価値をあげたり、ブランドが支持される状況を、マーケティングを通して展開しています。

> ● 成功しているブランドの共通点⑥
> マーケティングの結果、ブランディングにも好影響を与えている

優れたマーケティングは、消費者がブランドに抱く印象を高める効果をも生むようになります。消費者は、自分だけが購入している商品よりも、みんなが購入している商品のほうを高く評価する傾向が強く、みんなが良いと言っている商品であれば、より自分のブランド選択に対する自己肯定感も高まり、結果的にブランディングに好影響を及ぼします。

ブランディングに好影響を与えられれば、マーケティングの効率を高めることができる好循環に入るため、マーケティングの費用対効果を上げることにも繋がり、コスト効率性の高いブランディングも可能になります。

● 成功しているブランドの共通点⑦
　 ブランディングに好影響を与えるマーケティングの結果、顧客満足度・ロイヤリティが高い

みんなから支持されているブランドであることを伝えつつ、顧客満足度を上げるための取り組み、より良い接客やサービスを展開すれば、さらに顧客満足度が上がり、再購入にも繋がります。消費者にとっての「NO.1ブランド」になることができれば、確実に顧客ロイヤリティの向上に繋がります。

リピート施策が「モノを売る目的になるのはNG」と述べてきた通りですが、既存顧客に対するマーケティングが、新規のお客様を獲得するためのマーケティングと一緒のことをやっていては、再購入につながるわけもなく、顧客ロイヤリティが上がることもほぼあり得ません。既存顧客の満足度を高めるマーケティングを設計することができて初めて、再購入は促進されるのです。

● 成功しているブランドの共通点⑧
　 マーケティングとブランディングの両軸でブランドを大きくしようとするため、ファンを増やし続けている

消費者が抱くブランドへの好印象を高めることができている状態で、秀逸なマーケティングを行うことができれば、新規のお客様を獲得する可能性だけでなく、そのブランドを必要とする消費者が勝手に集まってくる状況を作れます。

　それだけ、「良いブランド」だと認識している顧客が多ければ、口コミなどの影響で新しいお客様との接点が広がります。また、大切な顧客からの支持を集め、ブランドが多くのお客様に支持され続けることをしっかりと顧客に伝えることで、マーケティングとも相まってより多くの新規顧客や、ファンを増やすことが可能になります。

強いブランドとはなにか？

　ブランディングがうまくいっているブランドはマーケティングが秀逸であり、秀逸なマーケティングは多くの人にモノを買ってもらい、より多くの人に認知してもらう環境を自ら作り出すことができています。また、多くの人に認知してもらえる環境を作り出しているがゆえに、ブランドの想いや信念に共感する消費者が自動的にそのブランドに集まってくる状況を作り上げているともいえます。

　この状況を作り出すことができれば、ブランディングはさらに加速していくため、マーケティングとブランディングの両軸でブランドを大きくしていくことができ、かつ、ブランドのファンが継続的に多くなることで、さらに多くの顧客から支持されるブランドを確立することができます。

　以上のことから、"強いブランド"とは、「ブランドの価値を上げながら、そのブランドを好きになってくれるファンを増やし続け、ブランディング活動をより長期間にわたり継続できるブランド」です。ブランド全体の取り組みが『自走』している状況になっており、強いブランドを構築することができるのです。

4 ブランドエクイティの固執は最大の足かせ

　ブランド力を高める要素に「ブランドエクイティ」というものがあります。ブランドエクイティは「自社ブランドが持つ資産価値」のことであり、次の5つの要素から成り立っています。

・ブランド認知
・知覚品質
・ブランドロイヤリティ
・ブランド連想
・その他のブランド資産

　ブランドエクイティは、"強いブランド"を継続的に構築していくために非常に重要な要素であることには間違いありません。ただし、ブランドというのは、本章で述べてきたように、あくまでも消費者が抱くイメージなのです。曖昧な定義やニュアンスで決められたブランドエクイティが、マーケティングに重大な悪影響を与えることも多々あります。本節では、ブランドエクイティがどのようなものなのかを解説しながら、ブランドエクイティがもたらすメリットと、デメリットの両面についても解説していきます。

ブランドエクイティを形成する5つの要素

●ブランド認知

　どれだけ多くの消費者に知られているかという、知名度のことを指します。より多くの消費者に知られているブランドが高い資産価値があると判断する傾向が強いように、同じ商品やサービスであっても、全く知らないブランドよりは、知っているブランドの方が安心感を高く感じるのではないでしょうか。知名度はそれだけ価値を押し上げてくれます。

●知覚品質

消費者がブランドに対して抱いている品質のイメージのことを指します。いくらブランド側が品質に自信があったとしても、知覚品質は、消費者が認識している印象です。使ったことがない商品やサービスであったとしても、他の消費者のレビューなどを参考に知覚品質を消費者は形成します。

●ブランドロイヤリティ

本書でもたびたび言及していますが、顧客がそのブランドの商品・サービスに対してどれくらい忠誠心・愛着を持っているかを指します。商品満足度が高ければ、ブランドロイヤリティも高くなる傾向が強いです。ブランドロイヤリティが高い顧客が多ければ多いほど、多くの口コミや情報の拡散がされやすい状態が生まれます。

●ブランド連想

顧客がブランド名から連想するブランドイメージのことを指します。「高級感がある」や「コスパが良い」など、ブランド側が消費者に連想してもらいたいブランドイメージと、顧客のイメージが合致している顧客が多いほど、ブランドの発信する情報が正しく伝達されているといえます。よりポジティブなブランドイメージを形成することができれば、既存顧客だけでなく、新しい顧客の獲得にも繋がります。

●その他のブランド資産

特許、著作権、商標権、知的財産、独自の技術やノウハウなどの、ブランドの価値を支えるものを指します。特許や著作権のように、他社ブランドが利用できない状況を作り出すことも、ブランドを守る資産になり得ます。

ブランドエクイティによるメリット

　ブランドエクイティは、自社ブランドが持つ資産であるため、高めれば高めるだけ、より他社ブランドとの競争において優位なポジションを確立しやすくなります。さらに、ブランドへの信頼度・好感度も高くなるため、より新規獲得にもつながり、再購入にも繋がるため、広告の費用対効果を高めるなど、継続的にブランドが繁栄する状況を作りやすくなります。

　また、ブランドエクイティは消費者との関係構築にポジティブな影響を及ぼすだけでなく、ブランド内部の統制でも大きな役割を担います。例えば、ブランドロゴは基本的には1種類で展開していくのが一般的です。ブランドロゴが、異なるフォントや異なるカラーで複数パターン存在していれば、消費者側も自分が認識しているブランドと同一なのか、違うブランドなのか、と混乱する可能性が出てくることは容易に想像できるでしょう。

　ロゴだけでなく、ブランドメッセージやブランドから発信される情報もまた、同じことがいえます。消費者により選ばれるように改善を繰り返したブランドコンセプトやメッセージが、ブランドに携わるメンバーで全く異なる言葉で展開されてしまえば、たちまちブランドエクイティを毀損することにつながります。歴史が長いブランドになればなるほど、資産の毀損、すなわちブランドエクイティが毀損しないようにブランドエクイティに含まれるすべての要素に注意を払っています。

　たったひとつのメッセージを変更するにしても、ブランドエクイティが毀損する可能性をしっかりと見極める必要があります。このように徹底されたブランドエクイティは、ブランド毀損を防ぐだけでなく、ブランドに携わるすべてのスタッフで共有しやすく、スタッフ間でのコミュニケーションロスをなくしたり、意思決定の効率化につながる役割も担っています。

ブランドエクイティがもたらす悪影響

　どれほどブランドエクイティを大事にしているブランドでも、ブランドエクイティが、スタッフ間ですべての項目で同じ共通認識になることはほぼありません。なぜなら、ブランドエクイティは、目に見えない無形資産（インビジブルアセット）であり、抽象的な言葉で表現されるため、明確に言語化されていないものが多く存在するためです。

　例えば、商品ページに関しても、文字が少ないほうがブランドの世界観が伝わるという判断で、商品情報が非常に少ないものが多く存在しています。世界観を統一することはブランディング上では重要な内容ですが、商品ページがどうなればブランドエクイティに沿っていて、どうなればブランドエクイティに沿わないのか、というルールを明確に言語化できているブランドはほとんどありません。

　さらに、ブランドエクイティの毀損を避けるために、使用できるキャッチコピーが決まっているケースも多くあります。良いキャッチコピーであれば問題ないのですが、英語を日本語に直訳したような、日本人には刺さらないキャッチコピーを使用しているブランドも多いと感じています。

　ブランドは消費者の脳内に形成されているものです。したがってブランドエクイティを高めることは、ブランドに対する消費者の印象を高めることだといえます。だとすれば、消費者が求めている情報を「世界観を統一する」という理由で商品ページに掲載しないことはブランドエクイティを高めることになるのでしょうか？　広告用のキャッチコピーを、消費者に刺さるメッセージに変更することは、ブランドエクイティを毀損することになるのでしょうか？

　例えばランディングページや商品ページの情報、インフルエンサーとのタイアップ企画といったケースで、ブランドエクイティに固執するあまり、ブランドから発信される情報が消費者にポジティブな印象を与えていないケースが多々あるように、私は感じています。ブランドエクイティに縛られているブランドは、自ら情報を制限し、消費者が好むような情報を発信する

ことができていません。

　でも、そのようなブランドに携わっているブランド関係者は、本音では「もっと柔軟に消費者が望んでいる情報を与えることができれば、より多くの新規顧客獲得につながる」と思っています。『ブランドは誰のものか？』という問いに対し、企業のものと答えるのであれば、ブランドエクイティを踏襲し、ブレないメッセージで良いといえます。ただし『ブランドが消費者のものである』という答えであれば、より消費者が抱くブランドへの好意度をあげることが重要といえます。

　インターネットが普及する前は、情報発信はブランドを展開する企業側がすべて行っていました。それが、インターネットの普及・SNSの普及により、消費者が情報発信者にもなり得ている今日の状況では、ひと昔前よりも消費者の立場が企業より強くなっています。場合によっては、影響力のあるインフルエンサーが消費者の強い味方になっていることもあるでしょう。時代の変化とともに、ブランドと消費者の関係性は大きく変わっていますので、そのような変化にあわせて、ブランドエクイティも変えていく必要があると私は考えます。

　そして、『ブランドは誰と作るものなのか？』という問いに対しては、ブランド全体のスタッフと作り上げていくというのがその答えです。ブランド関係者全員で、ブランドの価値観、想いを共有し、消費者が何を望んでいるのかを共有することで、より良いブランドを作り上げることが可能になります。

　現状のブランドエクイティに固執するのではなく、時代とともに変化できるブランドエクイティの柔軟な考え方が重要です。様々なモノ・情報で溢れている今日では、商品の差別化を図ることは非常に難しく、よりコモディティ化が加速します。昔は、ブランディングが上手ければ他社との差別化が生まれるといわれていました。現在、本当に差別化ができているブランドがどれだけあるでしょうか？

　現代の消費者は、他社と差別化して商品やモノを使っているわけではあ

りません。あくまでも、好きか嫌いか、良いか悪いかだけで、商品を選んでいます。どのブランドでもいえることは、消費者のブランドに対する好意度をどれだけ上げられるかであり、ブランドエクイティを守ることだけで、消費者のブランドに対する好意度が上がることは可能性として非常に低いと思います。

　時代の変化、消費者の考え方・価値観の変化に合わせて、ブランドエクイティをアップデートしていくことが、消費者に選ばれるブランドになるためには必要なのだと強く思います。

5 | 第7章まとめ

① ブランディングとマーケティングの違い：
ブランディングは「価値やイメージを高めること」に対して、マーケティングは「モノを売るための活動」と分類できる。マーケティングは情報を配信するブランド側が直接伝えるメッセージであり、ブランディングは情報を受け取った消費者側が自主的に感じる印象ともいうことができる。

② 成功しているマーケティングとは、そのブランドのモノやサービスが選んでもらえると同時に、消費者のブランドに対する好意度を上げる取り組みであり、成功しているブランディングは、マーケティングなどのブランドの活動を通して、より多くの消費者がそのブランドに対する価値や好意度を勝手に上げてくれる、いわば『自走』している状態を作り上げていく取り組みである。

③ 消費者は、ブランドに対して「好きか」「嫌いか」「どちらでもない」という3分類でブランドを知覚している。"ブランド"という知覚は何かしらの構造から成り立っていて、何かしらの要素がトリガーになり、ブランドに対する知覚が決まる。この知覚は、3つの構成要素（[1] 認知的機能・[2] 感情的機能・[3] 想像的機能）から成り、互いに結びついて消費者がブランドを選択する際の意思決定を効率化している。それらは消費者のポジティブな感情やネガティブな感情を誘発させる。その上で、消費者はすべての要素を統合して発生する想像力を頼りに、ブランドを知覚している。人気のブランドは、この3つの構成要素がどれも欠けることなく優れていて、一方人気がないブランドは、この3つのうち、どれかが欠けているか、またはすべて欠けている状態である。

④成功しているブランドの共通点は次の8項目が挙げられる。

  (1) "これさえ伝われば買ってくれる"という強い信念を持ち、その信念がブランド間で共有されている

  (2) ブランドコンセプトがわかりやすく、シンプルである

  (3) ブランドを構成する3つの機能が優れている

  (4) ブランドを認知・支持してくれる消費者を、自らのマーケティングで集めることができる

  (5) モノを売るだけでなく、ブランド価値があがり、ブランドがより支持されるように設計されたマーケティングを行っている

  (6) マーケティングの結果、ブランディングにも好影響を与えている

  (7) ブランディングに好影響を与えるマーケティングの結果、顧客満足度・ブランドロイヤリティが高い

  (8) マーケティングとブランディングの両軸でブランドを大きくしようとするため、ファンを増やし続けている

⑤ブランドエクイティは「自社ブランドが持つ資産価値」のことであり、5つの要素（ブランド認知・知覚品質・ブランドロイヤリティ・ブランド連想・その他のブランド資産）から成り立っている。徹底されたブランドエクイティは、ブランド毀損を防ぐだけでなく、ブランドに携わるすべてのスタッフで共有しやすく、スタッフ間でのコミュニケーションロスをなくしたり、意思決定の効率化につながる役割も担う。時代の変化に伴い、ブランドと消費者の関係性も大きく変わってきている現在では、ブランドエクイティを守るだけでなく、時代とともに変化できるブランドエクイティに対する柔軟な考え方が重要である。

第**8**章

成功するブランドに
なるために必要な
チーム力

1 | 強いブランドを作るために 必要とされるチーム力とは？

　お客様に選ばれ続け、ブランドの価値を継続的に高められるブランドが "強いブランド" と述べてきましたが、ブランドを作り出すのはあくまでも、そのブランドを支えるスタッフです。

　消費者が求めている情報や、ブランドがどのような情報を発信すれば消費者の好意度や購入意思が上がるかについての認識を、ブランドを支えるチームスタッフ全員で共有することが、強いブランドを作るためには非常に重要な考え方になります。このことが強いブランドを作るために必要なチーム力だと私は考えます。

　このことは当たり前のことなのですが、実際にはこのようなチーム力を保有しているブランドは多くありません。成功事例や失敗事例、ターゲットはどのような人物なのかといった基本事項の共有は行われています。ただし、このような情報だけでは、チームスタッフごとにブランドが目指すべきものの解釈に独自性が混じってきます。

　その結果、チームスタッフ間での共通認識は抽象的なものに留まり、強いブランドを作り上げることは困難でしょう。そのような状態では決して売上を伸ばすことはありえません。

チーム力向上のキーとなる共有化すべき4箇条

　では何についてチームスタッフ全員で共有化を図る必要があるのでしょうか？　私は、ブランドが取り組む施策一つひとつについて、次の4箇条に関する解を共有化することが重要と考えています。この4箇条の解を共有化できれば、ブランドを支えるチーム力が向上するでしょう。そしてこのことが強いブランドの創造へと直結し、かつブランドを永続的に反映させるキーとなります。

> **（チーム力向上のキーとなる）**
> **チームスタッフ全員で解を共有化すべき4箇条**
> ・施策を実行する目的（の解）
> ・施策を実行しないと将来直面する問題（の解）
> ・施策が成功した（良い結果をもたらした）といえる状態（の解）
> ・施策が目指す最終ゴール（の解）

　ブランド戦略を考えているマーケティング責任者なら答えられるかもしれませんが、実際の施策を実行するのはあくまでも現場のスタッフです。ブランドを作り上げるためには、施策ごとに上記の質問に対して、スタッフ全員が同じ回答ができなければ、施策の結果だけでなく、施策のスピードやプロジェクトの推進力も大きく異なる結果に繋がります。

　マーケティング上の代表的な施策である『商品ページの改善』を実行するときにも、この4箇条の解を答えることができない状態で、やみくもに施策を実行してしまえば、ほとんどの場合、数値が大きく改善することはありません。どのような施策も「問題」・「理由」・「目的」が明確になっていない状態で問題が解決できるほど、ブランドを成功させることは簡単ではありません。

共有化が実現できないために陥る事象

　例を挙げて説明します。デジタルマーケティングやECの現場では、バナーの制作が最も頻度が多い施策事項になります。バナーの制作も、上記の4つの質問の答えを用意することで、デザイナーは伝えるべき情報を自信を持ってバナーに組み込めます。4箇条の解が共有化されていない状態では、たった一つのバナーだとしても、デザイナーに少なからず迷いが生じ、訴求内容はブレやすくなります。

　そして、訴求内容がブレてしまえば、問題を解決できる可能性はぐっと低くなります。たかがバナー一つでマーケティングの結果に影響を及ぼさ

ないと思っている方も多いかもしれないのですが、バナー一つの設計でも、消費者の好意度や購入意思を大きく上昇させることは確実にできます。

　バナー一つでも、商品ページ1ページでも、たったひとつの広告をとっても、すべてはマーケティング戦略の一環であり、すべての施策の結果がマーケティングに直結します。一つでも欠ければ、歯車のようにすべての数値・事柄に影響を及ぼし、結果が出ない状態に陥れば、チーム全体の士気にも影響が出るということを、ブランド全体で理解し、ブランドを統括するリーダーが最も理解しなければいけないと私は強く思います。

　「一つひとつの施策に、4箇条の解を共有化している余裕なんてない」という意見が聞こえてきそうですが、最も非効率的で一番リソースを無駄にする行為は、"施策を行ったが全く結果に繋がらず、結果が出ないという理由で、分析からすべてやり直しを行い、再度同様の施策を実施すること"です。

　問題を明確に理解することができれば、仮に結果が出なかった施策があったとしても、やり方が間違っていただけであり、やり方を変えてみればいいだけなのです。結果が出ないから、一から分析をし直し、どのような施策を行うべきか考えるということは一見正しいアプローチのように思えますが、時間的リソース・人的リソースの観点では、最も無駄な時間であり、非効率であるといえます。

　「この施策は何のためにやっているんですか？」とスタッフに問いかけてみてください。「売上を伸ばすため」「費用対効果をよくするため」といった、一見まともそうな意見がきっと返ってくると思います。しかし、これは最終的なゴール（目的）でしかなく、「問題」と「理由」が明確になっていなければスタッフは"施策をタスクとして処理"してしまう傾向が強くなるのです。

　最終的なゴールを達成するために、どのような問題を解決すべきなのか？　そして何をすべきなのか？　まずはブランドのリーダーが、この4箇条の解を明確に答えることができるかが重要です。そして、少しずつでもブランド関係者間で、その解を共有することができれば、ブランドが今何

をすべきなのかという解像度がチーム全体で上がります。

　ブランドがやらなければならないことをチーム全体で共通認識として持つことができれば、確実に施策のスピード・推進力・精度が上がります。この繰り返しにより、消費者からの購入が増えることで、より自分たちの取り組みに自信が持てるようになり、さらにブランド全体で推進力が上がり、強いブランドを作り上げることができる組織に変わっていくことが可能になります。

2 | チーム力向上に求められる 抽象性（曖昧さ）の排除

　実際のマーケティングの現場では、ブランドが何をすべきかが具体的になればなるほど、スタッフ全員が自身は何をしなければいけないのかが非常に明確になります。そうなると、施策のスピードだけでなく、アイデアの確度も非常に高くなるケースが多々あります。

　一方、上手く行っていない典型的なケースは、抽象的な会話が頻繁に発生しているケースであり、そのようなブランドは売上を伸ばせていない傾向があります。前節で説明した4箇条のひとつである「施策を実行する目的」に対する悪い解は「売上を上げるため」のような抽象的な言葉です。売上を上げることは間違いではありません。しかし現状の問題点と解決しなければいけない理由が具体的ではないため、施策の精度が落ちる場合がほとんどです。

　もちろん、抽象的な言葉であっても消費者に選ばれるブランドを作り上げることができているのであればベストですが、ブランド関係者間で抽象的な会話が多いプロジェクトのほとんどは、往々にして売上の拡大に苦戦しています。つまり、強いブランドを作るために必要なチーム力には、曖昧なやりとりを徹底的に排除することが必要ということです。

抽象的な会話とは？

　下記に、マーケティングやECの現場でよく会話されている抽象的な会話例ベスト5を載せておきます。内容自体はよくある会話ですが、抽象度が高く、具体的な内容が一切ないことが共通点として挙げられます。

---

① CVRが低いため、商品ページを改善する必要がある

② 広告のCPCが高いため、よりCPCを下げる運用をする必要がある

③ アクセス数が減少しているため、店舗全体の売上が下がっている

④ 広告の費用対効果が下がっているため、ランディングページの改善が必要である

⑤ 今月は、CVRが予想よりも低かったため、売上が未達だった

「CVRが低いため、商品ページを改善する必要がある」という内容を、具体的にするのであれば、「現在の商品ページでは、商品の特徴と消費者から選ばれている理由を示すコンテンツが競合よりも確実に弱いため、消費者に商品の良さが伝わっていない可能性が高く、CVRが低いと判断できる。そのため、商品ページの改善を行う必要がある」とすべきでしょう。

このような内容であれば、ミーティング参加者の全員が現在の問題点と、何をすべきかを、明確に把握することができます。そうなれば施策のスピードも結果も大きく変わりますが、このような具体的な会話で店舗運営されているブランドは非常に少ないと感じています。

"抽象性の排除" に求められるブランドリーダーの役割

上述のような抽象的な会話が多い根本的な原因は、リーダーを始めとするブランドのスタッフ全員が、抽象的な内容でしかマーケティングについての会話をした経験がないからだと思います。抽象的な言葉を使うことで、その場の発言としてはふさわしいように思えますが、この場合実行する施策も抽象的な内容になる可能性が高く、ほとんどの場合、施策後の結果報告に関しても抽象度が高い振り返りを行い、全く結果がよくならないということに繋がります。

今後のマーケティングやECの現場では、各メンバーの成長も重要ですが、ブランドのリーダーが方向性を決めることが最も重要だと思います。リ

ーダーが抽象的な言葉で曖昧なやりとりを行うほど、チームスタッフもまた抽象的な発言で終始してしまい、施策が曖昧になって成果が上がらず、結果的にブランド全体の士気が落ちる可能性も出てくるのです。

　つまりチーム力向上に求められる"抽象性（曖昧さ）"を排除するためには、何よりもブランドのリーダーが率先して具体的かつ明確なアプローチをとることが重要だといえます。

　本書でも述べてきた、ターゲットやペルソナ、マーケティング、ブランディングなど、ECの分野は人それぞれ定義が異なる言葉が多いため、抽象的な会話が多くなることは仕方ない面もあると思います。しかし抽象度の高い会話や発言は、曖昧な施策を生み出します。それによりむしろ、現場が混乱してしまうことのほうが圧倒的に多いのです。ブランドのリーダーが、抽象さを排除しわかりやすく解像度を高めてブランドのメンバーに伝えることができるかが、ブランドの繁栄には欠かせない重要な要素になります。

　次の表は、マーケティングやECでよく使われる「戦略」に関連する曖昧な定義をまとめたものです。自分がどの戦略に関与しているのか、先ずはそのことをスタッフに理解させることも、ブランドの構造を理解する上では重要なステップです。ブランドを一緒に大きくするために頑張ってくれるスタッフ一人ひとりが、何ができればもっと消費者に選ばれるブランドになれるのか、この答えとなる共通認識を持てるブランドは、確実に成長を遂げるブランドになるはずです。

　多くのブランドは、今後AIの進化とともに効率化をより追求していくことが予想されます。マーケティングの効率化は進めば進むほど、ブランド間のコモディティ化を促進させます。コモディティ化が進めば、確実に消費者が求めるものはより一層「そのブランドを買う理由」になっていきます。消費者一人ひとりに向き合うことは非常に時間もかかり骨が折れることであるため、容易ではありません。

　大事なことは、今の目の前にいる一人でも多くのお客様が満足する事例

を作り上げていくことに尽きます。この事例を多く蓄積したブランドが、きっとAIの進化とともに、より強いブランドを築き上げていけると信じています。それと同時に、本書『ブランドスイッチの法則』から、一人でも多くの顧客を生み出し、一人でも多くのリピート顧客から愛され、より一層強いブランドへ発展することを、心から期待し祈念いたします。

マーケティングやECでよく使われる「戦略」に関する曖昧な定義

ブランド戦略	ブランドの価値を高めるために、すでに認知してくれている顧客や消費者に「どのような印象を抱かせたいのか」を決定し、実行していく活動の方針のこと。ブランドを支持してくれる消費者を見つけるための取り組みや、どうブランドを認知させるかなどの認知活動も含まれる。
マーケティング戦略	ブランド戦略のもと、支持してくれる可能性が高いユーザーへブランド側からアプローチを行い、商品の特徴や優位性をユーザーに教えてあげることで、商品の購入意欲を向上させ、購入に導くための仕組みづくりの方針のこと。
販売戦略	マーケティング戦略とほぼ同意義ではあるが、マーケティング戦略が"将来の見込み客も含めてどう顧客を増やしていくか"にフォーカスしている一方で、販売戦略は"目の前の消費者に対してどう販売したら購入が増やせるのか"にフォーカスした、より具体的な販売方法です。
広告戦略	マーケティング戦略のもと、どのような広告メニューを使い、どのようなコミュニケーションをすればブランドへの好感度、購入意欲を向上させることができるのかを決め、実行していく活動方針のこと。

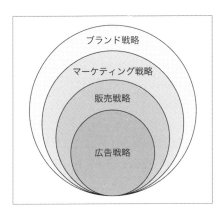

マーケティングやECでよく使われる「戦略」に関わる言葉の関係性

3 | 第8章まとめ

① 強いブランドを作るために必要とされるチーム力：
チーム力を向上させるために、チームスタッフ全員で解を共有化すべき4箇条は次の通り。

> ・施策を実行する目的 (の解)
> ・施策を実行しないと将来直面する問題 (の解)
> ・施策が成功した (良い結果をもたらした) といえる状態 (の解)
> ・施策が目指す最終ゴール (の解)

この4箇条の解を共有化できれば、ブランドを支えるチーム力が向上する。そしてこのことが強いブランドの創造へと直結し、かつブランドを永続的に繁栄させるキーとなる。

② チーム力向上に求められる抽象性 (曖昧さ) の排除：
上手く行っていない典型的なケースは、抽象的な会話が頻繁に発生しているケースである。抽象的な言葉であっても消費者に選ばれるブランドを作り上げることができているのであればベストだが、ブランド関係者間で抽象的な会話が多いプロジェクトのほとんどは、往々にして売上の拡大に苦戦している。つまり、強いブランドを作るために必要なチーム力には、曖昧なやりとりを徹底的に排除することが必要である。
マーケティングやECの現場では、各メンバーの成長も重要だが、ブランドのリーダーが方向性を決めることが最も重要である。リーダーが抽象的な言葉で曖昧なやりとりを行うほど、チームスタッフもまた抽象的な発言で終始してしまい、施策が曖昧になって成果が上がらず、結果的にブランド全体の士気が落ちる可能性も出てくる。

つまりチーム力向上に求められる"抽象性（曖昧さ）"を排除するためには、何よりもブランドのリーダーが率先して具体的かつ明確なアプローチをとることが重要だといえる。

おわりに

　最後まで読んでくださり、本当にありがとうございました。

　本書『ブランドスイッチの法則』は、より多くのブランド担当者に現場で使える考え方を広め、少しでもお悩みを解消したいという思いから、私のコンサルタント経験に基づいて執筆しました。同時に、これは私が同業者に成功の秘訣を教えることにもなり、自らライバルを増やす行為でもあります。もちろん、きちんと私なりの意図があり、それは私自身のミッションに基づいています。

　私のミッションは、「自分のビジョンを実現しながら、日本の小売市場をECを使って活性化させる」ことです。私が所属する株式会社いつもは、手前味噌ではありますが、ECビジネスに特化した国内最多クラスの支援実績を持ちます。その中でも私は、ECコンサルタントの最前線に立ち、"すべてのクライアントの売上が上がり、顧客が増え続けるマーケティング"がどういうものかを、EC市場のど真ん中で普遍的なノウハウを作ってきた自負があります。

　EC市場はコロナ禍の特需もあり、ここ数年で急激に成長していることは周知の事実です。しかし、そのEC市場においてさえ、2022年頃から売上に苦戦している企業やブランドが増えてきていると、現場で感じています。

　「EC市場は伸び続ける」というイメージを持たれている方もまだまだ多いと思いますが、日本では少子高齢化が進行し、小売業界全体を見ると売上が大きく伸びることはないと予測されています。生き残る企業はデジタルマーケティングを上手く活用する企業や、単に売るだけでなく付加価値を提供できる企業に絞られるでしょう。

　そのようなEC市場でも、未来が明るく、ポジティブな要素も兼ね備えています。それは、現在の消費者は、スマホの普及やSNS・AIなどのテクノロジーの発展により、欲しい情報にすぐアクセスできる環境があるということです。

情報源がよりデジタル化し、デジタルを起点として商品購入を意思決定することを指標化した「デジタルインフルエンス」の影響が拡大している状況こそが、日本全体の小売市場の活性化に繋がる可能性を大幅に上げているといえます。

　商品の購買に影響を与えるデジタルインフルエンスが消費者の購買の刺激につながれば、日本の小売市場は少しずつ活性化し、多くの人々がデジタルインフルエンスによって充実した購買体験を得ることができるようになり、それに伴いデジタルインフルエンスの影響が加速する仕組みが形成されます。

　そして、その仕組みを作り上げるためには、一つでも多くのブランドで消費者のより良い購買体験を実現することが重要であり、それは私のミッションにも通じるため、本書の『ブランドスイッチの法則』として、どのブランドでも活用できるように書きまとめています。もしあなたが本書の内容を活用し、成果が出たときには、ぜひご一報いただけると嬉しいです。

　本書の出版にあたり、様々な方々のご支援に感謝しつつ、私自身も出版まで約2年間の労力をかけて書籍化した甲斐があったと実感できます。いつの日か、読者であるあなたと、あなたのブランドについて直接お話できることを心から楽しみにしています。

　一つでも多くのブランド、一人でも多くのマーケッターに、本書で述べている『ブランドスイッチの法則』が理解され、デジタルマーケティングを通して、あなたのブランドが大きく発展する未来を心から願っています。

2023年12月
株式会社いつも
田中 宏樹

INDEX

著者 PROFILE

【著者】田中 宏樹 (たなか ひろき)

E コマース戦略コンサルタント
株式会社いつもが行う運営代行・運営サポートにおいて、年商 200 億円を超えるブランドから 1,000 万円のブランドまで、累計 200 を超えるブランドのコンサルティングを担当。独自メソッドを導入しながら店舗の売上を着実に伸ばしている。執筆に関わった書籍として『EC 担当者 プロになるための教科書』(マイナビ出版) などがある。

【監修】株式会社いつも

EC・D2C の総合支援企業として、全国のブランドメーカーを中心に延べ 12,000 件以上の支援実績を持つ。
大手・中小メーカーの抱える課題に対し EC パートナーとして、EC・D2C 戦略コンサルティングからサイト構築・運営、SNS・デジタルマーケティング、フルフィルメント、ライブコマース、人材教育まで EC バリューチェーンを一貫してサポート。「人」と「テクノロジー」を組み合わせ、ブランドEC、Amazon、楽天市場、Yahoo! ショッピング、海外 EC 等でのマルチチャネル展開、EC・D2C ブランドのM&A・出資・成長支援を行う。
著書に『2025 年、人は「買い物」をしなくなる』(クロスメディア・パブリッシング)、『先輩がやさしく教える EC 担当者の知識と実務』(翔泳社)、『EC 戦略ナビ』『EC 担当者 プロになるための教科書』(マイナビ出版) などがある。

https://itsumo365.co.jp/

STAFF

ブックデザイン：三宮 暁子（Highcolor）

DTP：AP_Planning

編集：角竹 輝紀・門脇 千智

消費者の嗜好が変わりやすいEC市場で顧客を勝ち取る

ブランドスイッチの法則

2024 年 1 月 20 日 初版第 1 刷発行

著者	田中 宏樹
監修	株式会社いつも
発行者	角竹 輝紀
発行所	株式会社マイナビ出版
	〒 101-0003　東京都千代田区一ツ橋 2-6-3 一ツ橋ビル 2F
	0480-38-6872（注文専用ダイヤル）
	03-3556-2731（販売）
	03-3556-2736（編集）
	編集問い合わせ先：pc-books@mynavi.jp
	URL：https://book.mynavi.jp
印刷・製本	株式会社ルナテック